Mit freundlichen Empfehlungen
überreicht von der
Fördergemeinschaft Gutes Hören

Ganz Ohr sein. *Die drei Panotier sind Sinnbild für das Hören am äußersten Rande der Welt.*

Das Buch vom Hören

Herausgegeben
von Robert Kuhn
und Bernd Kreutz

Herder

Titelbild: John W. Waterhouse
"The piping boy", 1911; Privatbesitz, England
Frontispiz: Portal der Benediktinerabtei Vézelay
(12. Jahrhundert)

Der Verlag und die Herausgeber danken der
Fördergemeinschaft Gutes Hören, Wendelstein,
für die freundliche Unterstützung dieses Buchprojekts.

© 1991 Verlag Herder Freiburg im Breisgau
und die Herausgeber
Alle Rechte vorbehalten

ISBN 3 – 451 – 22499 – 2

Inhaltsverzeichnis

Statt eines Vorworts
Neil Postman

Die Erfindung der Druckerpresse Mitte des 15. Jahrhunderts hat unsere Sinneswahrnehmung zu Lasten der Fähigkeit des (Zu-)Hörens verändert. Die Buchdruckerkunst bedeutete das Ende der mündlichen Überlieferung. Seit dem 16. Jahrhundert wurde Wissen mehr über das Auge als über das Ohr erworben. Der Roman ersetzte die Ballade, das Essay trat an die Stelle des mittelalterlischen Mysterienspiels. Poesie wurde in Büchern veröffentlicht, und das Lesen der Bibel verdrängte den Zauber und die Macht der Predigt. Die Definition von Erziehung und Bildung wurde gleichbedeutend mit der Fähigkeit, lesen und schreiben zu können. Das Gedruckte, nicht das Gehörte, galt nun als wahr.

Es ist möglich, wie einige meinen, daß die elektronischen Medien unser Zuhörvermögen wiederherstellen, da Tonaufnahmen, Telefon, Rundfunk, Film und Fernsehen uns zunehmend von unserer Besessenheit in bezug auf das gedruckte Wort abbringen. Diese Leute sagen, unsere Jugend zeige bereits Anzeichen dafür, daß sie über das Ohr schneller und gründlicher lerne als über das feststehende gedruckte Wort. Vielleicht ist (wie Walter Ong behauptet) eine Zeit der „Rückkehr zum gesprochenen Wort" angebrochen, was bedeutet, daß unsere Ohren bis zu einem gewissen Grade wiedererweckt werden und wir anfangen, einige der Eigenschaften eines Volkes zu zeigen, das sich vorwiegend mündlich verständigt. Bei der mündlichen Verständigung stehen Vertrautheit, sozialer Zusammenhalt, Tradition und Gruppenbewußtsein im Vordergrund. Kommunikation über das gedruckte Wort betont Autonomie, Wettbewerb, Unpersönlichkeit und abstraktes Denken.

Daß an diesem Gedanken der „Rückkehr zum gesprochenen Wort" etwas Wahres dran ist, kann man an den Jugendlichen beobachten – an ihren Rockkonzerten, ihrem Sony-Walkman, ihrer lebhaften Sprechweise und ihrem Widerwillen gegenüber abstraktem Denken. Hierin zeigen sich die Anfänge eines neuen „Hörbewußtseins".

Diejenigen von uns, die sich mit Herz und Verstand völlig dem Gedruckten verschrieben haben, machen sich über die Jugend lustig und sehen auf ihre Art und Weise, die Welt verstehen zu lernen, verächtlich herab. Aber vielleicht täuschen wir uns. Es liegt etwas in der Luft und klingt im Ohr, daß nicht weichen will. Die Zukunft wird es zeigen.

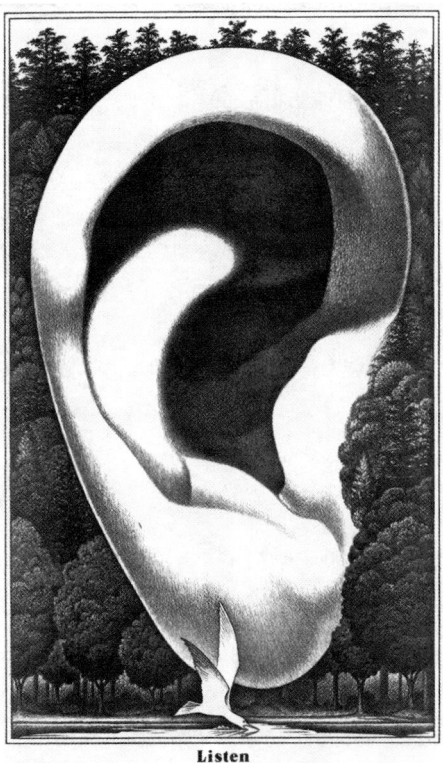

Listen

Hören, biblisch
Auszug aus der Calwer Konkordanz

Es beginnt mit der Genesis („sie hörten die Stimme Gottes des Herrn", Moses 3, 8) und endet mit der Offenbarung des hl. Johannes („allen, die da hören die Worte der Weissagung", Off 22, 18): Die Bibel ist ein einziges großes Hörerlebnis. 792 verschiedene Wortverbindungen mit „hören" nennt die Calwer Bibelkonkordanz aus dem Jahr 1905 (die vielen Mehrfach-Nennungen gar nicht mitgezählt), davon allein 579 im Alten Testament. Das ist kein Zufall: Der biblische Gott der Juden ist nicht dem sehenden Denken zugänglich, sondern nur dem hörenden Glauben. „Die Thora und die Propheten bringen die mündliche (erst viel später niedergeschriebene) Tradition vom Bunde zwischen Gott und Israel im Hören und Gehorchen zum Ausdruck. ‚Höre, Israel ...', das sogenannte Shema, mit dem der Jude im Gebet den Tag beginnt und beschließt, ist die Kurzformel für Israels Glauben. Das Ohr, nicht das Auge ist das zentrale Organ der Gottesbegegnung." (Franz Mayr)

[hören]

1 M. 43 | 25 hatten geh., daß sie daselbst .. essen sollten.
45 | 2 weinte laut, daß es die Ägypter h.
49 | 2 h. euren Vater Israel.
2 M. 3 | 7 habe ihr Geschrei geh. 6, 5; Ap. 7, 34.
| 18 wenn sie deine Stimme h. 4, 1. 8.
4 | 31 h., daß der HErr Israel heimgesucht.
5 | 2 wer ist der HErr, des Stimme ich h. müsse.
6 | 9 sie h. ihn nicht vor Seufzen und Angst. 12.
| 30 wie wird mich Pharao h.? 7, 4.
7 | 16 hast bisher nicht wollen h.
| 22 das Herz Pharaos h. sie nicht. 8, 11. 15; 9, 12.
11 | 9 Pharao h. euch nicht.
15 | 14 da das die Völker höreten, erbeteten sie.
16 | 7 er hat euer Murren geh. 8. 9. 12; 4 M. 14, 27.
18 | 1 Jethro h. alles, was Gott getan.
19 | 9 daß dies Volk h., wenn ich mit dir rede.
23 | 13 andrer Götter Namen sollen nicht geh. werden.
| 22 wirst du seine Stimme h., und tun alles.
28 | 35 daß man seinen Klang h., wenn er.
32 | 17 da Josua h. des Volks Geschrei. 18.
33 | 4 da das Volk diese böse Rede h.
3 M. 5 | 1 den Fluch aussprechen h. Spr. 29, 24.
10 | 20 da das Mose h., ließ er's sich gefallen.
24 | 14 laß alle, die es geh. haben, ihre Hände.
26 | 21 wo ihr mich nicht h. wollt.
4 M. 7 | 89 h. (Mose) die Stimme mit ihm reden.
9 | 8 ich will h., was der HErr euch gebietet.
11 | 1 als es d. HErr h., ergrimmte s. Zorn. 5 M. 1, 34.
| 10 da Mose das Volk h. weinen.
12 | 2 der HErr h. es. 6. h. meine Worte.
14 | 13 so werden's die Ägypter h. 14.
| 15 die Heiden, die solch Gerücht von dir h.
16 | 4 da das Mose h., fiel er auf sein Angesicht.
| 8 h. doch, ihr Kinder Levi.
20 | 10 h., ihr Ungehorsamen.
23 | 18 Balak, h., und nimm zu Ohren, was ich.
30 | 6 des Tags, wenn er's h. 9. 13.
| 8 der Mann h.'s, und schweiget stille. 12. 15. 16.
5 M. 1 | 17 sollt den Kleinen h. wie den Großen.
| 17 Sache .. lasset an mich gelangen, daß ich sie h.
| 45 wollte der HErr eure Stimme nicht h.
2 | 25 erschrecken sollen alle Völker, wenn sie h.
4 | 1 h., Israel, die Gebote und Rechte. 6; 7, 12; 11, 13; 12, 28.
| 10 versammle das Volk, daß sie m. Worte h. 12.
| 28 wirst dienen den Göttern, die weder sehen, noch h.
| 32 frage, ob desgleichen je geh. sei.
| 33 Gottes Stimme geh. aus dem Feuer. 36; 5, 21. 23.
5 | 20 da ihr die Stimme aus der Finsternis h.
| 22 wenn wir des HErrn Stimme h., müssen wir.
| 24 h. alles, was der HErr saget.
| 24 das wollen wir h. und tun. 30, 12. 13.
| 25 da der HErr eure Worte h.
6 | 3 Israel, du sollst h. und behalten.
| 4 h., Israel, der HErr unser Gott ist. Mk. 12, 29.
9 | 1 h., Israel, du wirst heute über den Jordan.
| 2 ein groß, hoch Volk, von denen du h.
13 | 12 daß ganz Israel h., und fürchte sich. 17, 13; 21, 21.
17 | 4 wird dir angesagt, und h.
18 | 16 will nicht mehr h. die Stimme des HErrn.
| 19 wer meine Worte nicht h. wird.
19 | 20 daß die andern h., sich fürchten.
23 | 6 der HErr wollte Bileam nicht h.
29 | 5 euch nicht gegeben Ohren, die da h.
| 18 ob er schon h. die Worte dieses Fluchs.
31 | 12 daß sie h. und lernen den HErrn fürchten. 13.
32 | 1 die Erde h. die Rede meines Mundes.
Jos. 2 | 10 haben geh., wie der HErr das Wasser. 11; 5, 1.
3 | 9 h. die Worte des HErrn, eures Gottes.
| 5 daß ihr die Posaune h. 20.
| 10 sollt nicht eure Stimme h. lassen.
7 | 9 wenn das die Kananiter h.

Jos. 9 | 1 da das h. alle Könige. 3. 9; 10, 1; 11, 1, 1.
| 14 12 haft's geh. am selben Tage.
22 | 11 da die Kinder Israel h. sagen. 30.
24 | 10 ich wollte ihn nicht h.
| 27 dieser Stein hat geh. alle Rede des HErrn.
Ri. 5 | 16 zu h. das Blöken der Herden. 1 Sa. 15, 14.
7 | 11 daß du h., was sie reden.
| 15 Gideon h. solchen Traum erzählen.
9 | 7 h. mich .. daß euch Gott auch h.
13 | 23 er hätte uns nicht solches h. lassen.
14 | 13 gib dein Rätsel auf, laß uns h.
18 | 25 laß deine Stimme nicht h. bei uns.
Ru. 2 | 8 h. du es, meine Tochter.
1 Sa. 1 | 13 (Hannas) Stimme h. man nicht.
2 | 23 ich höre euer böses Wesen.
| 24 das ist nicht ein gut Gerücht, das ich h.
3 | 9 rede, HErr, denn dein Knecht h. 10.
| 11 wer das h. wird, dem werden seine Ohren gellen. 2 Kö. 21, 12.
4 | 14 da Eli das laute Schreien h. 19.
8 | 21 da Samuel alle Worte des Volkes geh.
1 Sa. 10 | 27 (Saul) tat, als h. er's nicht.
11 | 6 geriet der Geist Gottes über ihn, als er .. h.
13 | 3 daß das h. ganz Israel.
| 4 ganz Israel h. sagen: Saul hat.
14 | 27 Jonathan hatte nicht geh., daß sein Vater.
15 | 1 h. die Stimme der Worte des HErrn.
17 | 11 da Israel diese Rede des Philisters h. 23.
| 28 Eliab h. ihn reden mit den Männern. 31.
22 | 7 h., ihr Benjaminiter, wird auch. 12.
23 | 10 HErr, dein Knecht hat geh., daß Saul. 11.
25 | 24 ach, mein Herr, h. die Worte deiner Magd.
26 | 14 (David) schrie: H. du nicht, Abner?
| 9 h. nun, mein Herr, der König.
2 Sa. 5 | 24 wenn du h. wirst das Rauschen. 1 Ch. 14, 15.
14 | 11 wie ein Engel Gottes, daß er Gutes u. Böses h.
15 | 10 da der Posaune Schall h. werdet. 1 Kö. 1, 41. 45.
| 35 alles, was du h., sagetest du an. 36.
16 | 21 so wird das ganze Israel h., daß du.
17 | 5 lasset h., was er dazu sagt.
19 | 36 wie sollte ich h. das der Sänger singen.
20 | 16 rief eine weise Frau: H.! h.! 17.
1 Kö. 1 | 11 hast du nicht geh., daß Adonia ist König worden.
2 | 42 habe eine gute Meinung geh.
3 | 11 bittest um Verstand, Gericht zu h.
5 | 14 kamen, zu h. die Weish. Salomos. 21; 10, 24. 2 Ch. 9, 23; Mt. 12, 42; Lk. 11, 31.
6 | 7 daß man keinen Hammer noch Beil h.
8 | 28 daß du h. das Lob und Gebet. 29. 30. 32. 34. 36. 39. 43. 45. 49. 52; 2 Ch. 6, 19.
| 42 sie werden v. deinem großen Namen h.
9 | 3 habe dein Gebet und Flehen geh.
10 | 6 was ich geh. habe v. d. Wesen. 7; 2 Ch. 9, 1. 5. 6.
| 8 selig sind .. die deine Weisheit h. 2 Ch. 9, 7.
12 | 16 Israel sah, daß der König sie nicht wollte.
13 | 4 da der König das Wort v. d. Mann Gottes h.
| 14 als Ahia das Rauschen ihrer Füße.
19 | 13 als er Elia h., verhüllte er sein Antlitz.
22 | 19 nun das Wort d. HErrn. 2 Kö. 7, 1; 20, 16; 2 Ch. 18, 18.
2 Kö. 7 | 6 der HErr hatte die Syrer lassen . ein Geschrei.
18 | 28 das Wort des großen Königs. Jes. 36, 13.
19 | 4 ob vielleicht d. HErr h. wollte .. geh. hat. Jes. 37, 4.
| 6 fürchte dich nicht v. d. Worten, die du h. Jes. 37, 6.
| 7 will e. Geist geben, daß e. Gerücht h. Jes. 37, 7.
| 11 haft geh., was d. Könige von Assyrien. Jes. 37, 11.
| 16 HErr, neige deine Ohren, und h. Jes. 37, 17; Dan. 9, 18.
| 20 was du zu mir gebetet, das habe h. 20, 5.
| 25 haft nicht geh., daß ich solches getan. Jes. 37, 26.
22 | 11 d. König d. Worte im Gesetzb. 2 Ch. 34, 19. 26. 27.
| 19 dein Herz erweicht ist über d. Worten, d. du geh.

11

2 Ch. 5	13 als h. man eine Stimme, zu loben u. zu dank.
7	14 so will Ich vom Himmel h.
15	8 da Asa h. die Weissagung Odeds.
18	27 h., ihr Völker alle!
20	9 so wollest du h., und helfen.
24	17 da h. der König auf sie.
Esra 3	13 jauchzte, daß man das Geschrei ferne h.
8	23 also fasteten wir . . und er h. uns.
9	3 da ich solches h., zerriß ich mein Kleid.
Ne. 1	4 da ich solche Worte h., saß ich und weinte.
6	8 daß du h. das Gebet deines Knechts.
3	36 h., unser Gott, wie verachtet sind wir!
4	14 an welchem Ort ihr die Posaune lauten h.
5	6 da ich ihr Schreien h., ward ich sehr zornig.
6	16 da unsre Feinde das h., fürchteten sich alle.
8	9 alles Volk weinte, da sie die Worte d. Gesetzes h.
9	17 (unsre Väter) weigerten sich, zu h.
12	43 man h. die Freude Jerusalems ferne.
13	3 da sie dies Gesetz h.
	27 von euch muß man das h.
Hi. 2	11 da die drei Freunde Hiobs h. das Unglück.
3	18 h. nicht die Stimme des Drängers.
4	16 ich h. eine Stimme: (Wie mag ein M.)
9	16 glaube ich doch nicht, daß er meine Stimme h.
11	2 wenn einer lang geredet, muß er nicht auch h.?
13	1 siehe, das hat alles mein Ohr geh.
	6 h. doch meine Verantwortung. 17.
15	8 hast du Gottes heimlichen Rat geh.?
	21 was er h., das schrecket ihn.
16	2 habe solches oft geh.
20	3 ich muß h., wie man mich straft.
22	22 h. das Gesetz von seinem Munde.
	27 wirst du ihn bitten, er wird dich h.
27	9 meinst du, daß Gott sein Schreien h. wird?
29	11 welches Ohr mich h.
33	1 h. doch, Hiob, meine Rede. 34, 2.
	8 die Stimme deiner Reden mußte ich h.
34	16 hast du Verstand, so h. das.
	28 daß er h. das Schreien der Elenden h. Ps. 10, 17.
37	2 h. doch, wie sein Donner zürnet. 4.
39	7 das Pochen des Treibers h. er nicht.
Pf. 4	2 das h. der HErr h., wenn ich ihn anrufe.
5	2 HErr, h. meine Worte, merke auf.
	4 frühe wollest du her meine Stimme h.
6	9 der HErr h. mein Weinen. 10. h. mein Flehen.
17	6 neige deine Ohren zu mir, h. meine Rede.
19	4 da man nicht ihre Stimme h.
22	25 da er zu ihm schrie, h. er's.
26	7 da man h. die Stimme des Dankens.
27	7 HErr, h. meine Stimme. 28, 2; 64, 2; 119, 149; 130, 2.
30	11 h. HErr, und sei mir gnädig.
31	14 ich h., wie mich viele schelten.
	23 dennoch h. du meines Flehens Stimme. 55, 18.
34	3 daß es die Elenden h., und sich freuen.
	7 da dieser Elende rief, h. der HErr.
	18 nun d. Gerechten schreien, so h. h. HErr. 145,19.
38	14 muß sein wie e. Tauber, und nicht h. 15.
39	13 h. mein Gebet, HErr. 55, 2; 84, 9; 102, 2.
40	2 er h. mein Schreien.
44	17 daß die Lästerer h. muß.
45	11 h., Tochter, und neige.
46	7 das Erdreich muß vergehen, wenn er sich h. läßt.
48	9 wie wir geh. haben, so sehen wir's.
50	7 h., mein Volk, laß mich reden. 78, 1; 81, 9.
51	10 laß mich h. Freude und Wonne.
55	20 Gott wird h., und sie demütigen.
58	6 daß sie nicht h. die Stimme des Zauberers.
59	8 wer sollte es h.
61	2 h., Gott, mein Schreien.
	6 Du, Gott, h. mein Gelübde.
62	12 Gott hat geredet, das habe ich geh.

Pf. 66	18 so würde der HErr nicht h.
69	34 der HErr h. die Armen.
78	3 die wir geh. haben, und wissen.
	21 da das der HErr h., entbrannte er. 59.
80	2 du Hirte Israels, h.
81	6 da sie fremde Sprache geh. hatten.
85	9 daß ich h. sollte, was Gott der HErr redet.
92	12 mein Ohr wird seine Luft h.
94	9 der das Ohr gepflanzt, sollte der nicht h.?
95	7 heute, so ihr seine Stimme h. Ebr. 3, 7. 15; 4, 7.
97	8 Zion h.'s, und ist froh.
102	21 daß er das Seufzen des Gefangenen h.
103	20 daß man h. auf die Stimme seines Worts.
106	44 da er ihre Klage h.
115	6 sie haben Ohren, u. h. nicht. 135, 17; Da. 5, 23; Weish. 15, 15; Offb. 9, 20.
116	1 daß der HErr m. Stimme und mein Flehen h.
132	6 wir h. von ihr in Ephratha.
138	4 daß sie h. das Wort deines Mundes.
141	6 so wird man dann meine Rede h.
	15 ich will frühe h. deine Gnade.
Spr. 1	20 die Weisheit läßt sich h. auf den Gassen. 8, 1.
4	1 h., meine Kinder, die Zucht. 10; 8, 33.
	7 der Weisheit Anfang ist, wenn man sie gerne h.
8	6 h., denn ich will reden.
12	15 wer auf Rat h., ist weise.
13	8 ein Armer h. kein Schelten.
15	31 das Ohr, das da h. die Strafe des Lebens. 32.
18	13 wer antwortet, ehe er h.
	15 die Weisen h. gern, wie man vernünftig.
19	27 zu h. die Zucht, und doch abzuirren.
20	12 ein h-d Ohr u. sehend Auge macht beide d. HErr.
22	17 h. die Worte der Weisen.
23	19 h., mein Sohn, und sei weise.
25	9 daß dir's nicht übel spreche, der es h.
28	9 wer sein Ohr abwendet, das Gesetz zu h.
Pr. 1	8 daß man h. sich nimmer satt.
4	17 komm, daß du h.
5	2 wo viel Worte sind, da man den Narren.
	7 besser, das Schelten der Weisen, denn.
	21 daß du h. müssest . . dir fluchen.
12	13 laßt uns die Hauptsumme aller Lehre h.
Hohel.2	12 die Turteltaube läßt sich h. 8, 13.
	14 laß mich h. deine Stimme. 8, 13.
Jes. 1	2 h., ihr Himmel, und Erde, nimm zu Ohren.
	10 h. des HErrn Wort. 28, 14; 66, 5; Jer. 2, 4; 7, 2; 9, 19; 17, 20; 19, 3; 21, 11; 22, 2; 29, 20; 31, 10; 34, 4; 42, 15; 44, 24. 26; Hes. 6, 3; 13, 2; 16, 35; 21, 3; 25, 3; 34, 7. 9; 37, 4; Hos. 4, 1. Am 7, 16.
	15 ob ihr viel betet, h. ich euch doch nicht.
6	8 h. die Stimme des HErrn.
	9 h.'s, und verstehet's nicht. Mt. 13, 13; Mk. 4, 12; Lk. 8, 10; Ap. 28, 26; Rö. 11, 8.
7	13 h. vom Hause David.
8	9 h.'s alle, die ihr in fernen Landen. 33, 13.
11	3 wird nicht Urteil sprechen, nach dem s. Ohren h.
15	5 schreien, daß man's zu Jahza h.
16	6 wir h. von dem Hochmut Moabs.
18	3 werdet h., wie man die Drommete blasen w.
21	3 ich krümme mich, wenn ich's h.
	10 mal sich geh. habe . . verkündige ich euch.
23	5 sobald es die Ägypter h., erschrecken sie.
24	16 wir h. Lobgesänge vom Ende d. Erde.
28	22 habe ein Verderben geh.
	23 h. meine Stimme . . h. meine Rede. 32, 9.
29	18 werden die Tauben h. 42, 18.
30	9 Kinder, die nicht h. wollen. 42, 20.
	19 wird dir antworten, sobald er's h.
	21 deine Ohren werden h. das Wort hinter dir.
33	15 wer Ohren zustopft, daß er nicht Blutschulden h.
34	1 kommt herzu, ihr Heiden, und h. Jer. 6, 18.

Jes. 38 | 5 habe dein Gebet geh., und deine Tränen gesehen.
39 | 5 h. das Wort des HErrn Zebaoth.
40 | 21 wisset ihr nicht? h. ihr nicht?
28 weißt du nicht? hast du nicht geh.?
41 | 22 laßt uns h., was zukünftig ist.
26 keiner, der etwas h. ließe . . der e. Wort h. möge.
42 | 2 s. Stimme w. man nicht h. auf d. Gassen. Mt. 12, 19.
9 ehe es aufgehet, laffe ich's euch h. 44, 8.
23 wer ist, der h., das hernach kommt.
43 | 9 der uns h. laffe, was vorhin geweissagt.
44 | 1 h. nun, mein Knecht Jakob. 48, 1.
47 | 8 h. dies, die du in Wollust lebst.
48 | 6 solches alles hast du geh., und siehest's.
7 hast nicht einen Tag zuvor davon geh.
14 sammelt euch alle, und h. 16.
20 verkündiget und laffet solches h.
50 | 4 er wecket mir das Ohr, daß ich h. wie e. Jünger.
51 | 4 h. mich, meine Leute.
21 h. dies, du Elende und Trunkene.
52 | 15 die nichts davon geh. haben, werden's merken.
55 | 3 h., so wird eure Seele leben.
58 | 4 daß eure Stimme in der Höhe geh. würde.
59 | 1 seine Ohren nicht zu geworden, daß er nicht h.
2 daß ihr nicht geh. werdet.
60 | 18 man soll keinen Frevel mehr h.
62 | 11 der HErr läffet sich h. bis an der Welt Ende.
64 | 3 wie von der Welt her nicht geh. ist.
65 | 12 daß ich redete, und ihr h. nicht. 66, 4.
19 soll nicht mehr geh. w. die Stimme d. Weinens.
24 wenn sie noch reden, will Ich h.
66 | 1 man wird h. eine Stimme des Getümmels.
8 wer hat solches je geh.? Jer. 18, 13.
19 Inseln, da man nichts von mir geh. hat.

Jer. 3 | 21 man klägl. h. weinen. 9, 18; 31, 15.
4 | 19 m. Seele h. der Posaune Hall. 21; Hef. 33, 4. 5;
Da. 3, 5. 7.
31 ich h. ein Geschrei als einer Gebärerin.
5 | 21 die Ohren haben, und h. nicht. Hef. 12, 2.
6 | 10 daß jemand h. wollte . . ogen's oder h.
24 wenn wir von ihnen h. werden.
7 | 13 stets predigen laffe und ihr wollt nicht h. 24.
26—28; 13, 10. 11; 17, 23; 19, 15; 25, 3. 4. 8;
26, 5; 29, 19; 32, 33; 35, 17; Hof. 9, 17.
16 ich will dich h.
8 | 6 ich fehe und h., daß sie nichts Rechtes lehren.
16 man h. ihre Rosse schnauben.
9 | 9 daß man auch nicht ein Vieh schreien.
10 | 1 h., was der HErr zu euch redet. Am. 3, 1.
11 | 2 h. die Worte dieses Bundes. 6. und thut.
11 schreien, will ich sie nicht h. 14; 14, 12; Hef. 8, 18.
12 | 17 wo sie aber nicht h. wollen. 13, 17; 17, 27.
13 | 15 h. nun, und merket auf.
17 | 24 so ihr mich h. werdet.
18 | 2 will ich dich h. laffen.
19 HErr, h. die Stimme meiner Widersacher.
22 daß ein Geschrei sie h. werde. 20, 16.
20 | 1 da der Priester Jeremia h. weissagen. 26, 7. 10.
12, 21; 38, 1.
10 h., wie mich viele schelten.
22 | 20 laß dich h. zu Basan.
21 du sprachst: Ich will nicht h.
26 o Land, Land, Land, h. des HErrn Wort!
23 | 18 der sein Wort gesehen und geh. habe.
25 ich h. wohl, was die Propheten predigen.
25 | 30 der HErr wird seinen Donner h. laffen.
26 | 3 ob sie vielleicht h. wollen, und sich bekehren.
5 daß ihr h. die Worte meiner Knechte.
28 | 7 h. auch dies Wort. 15; Am. 4, 1; 5, 1; 8, 4.
30 | 5 wir h. ein Geschrei des Schreckens. 48, 3—5;
49, 23; 51, 46. 54.
31 | 18 habe wohl geh., wie Ephraim klagt.
33 | 9 Heiden, wenn sie h. werden das Gute.

Jer. 33 | 11 wird man h. Geschrei von Freude und Wonne.
36 | 3 Juda, wo sie h. all das Unglück.
11 alle Reden des HErrn geh. aus dem Buche. 13.
15 lies, daß wir's h.! 16. 24.
37 | 5 die Chaldäer, da sie solch Gerücht geh. 50, 43.
14 Jeria wollte ihn nicht h.
20 mein Herr König, h. mich.
49 | 14 habe geh. vom HErrn.
20 h. den Ratschlag des HErrn. 50, 45.
21 ihr Geschrei wird man am Schilfmeer h.
50 | 28 man h. ein Geschrei der Flüchtigen.
51 | 51 da wir die Schmach h. mußten.
Klag. 1 | 18 h., alle Völker. Mi. 1, 2.
21 man h.'s wohl, daß ich feufze.
3 | 61 HErr, du h. ihr Schmähen.
Hef. 1 | 24 ich h. die Flügel rauschen. 10, 5.
28 fiel auf mein Angesicht u. h. einen reden. 43, 6.
2 | 8 h. du, was ich dir sage. 44, 5.
3 | 6 würden sie dich doch gern h.
7 aber das Haus Israel will dich nicht h.
7 sie wollen mich selbst nicht h.
11 predige ihnen . . sie h.'s oder laffen's.
12 ich h. hinter mir ein Getöne.
17 sollst aus meinem Munde das Wort h. 33, 7.
27 wer's h., der h. es.
9 | 5 zu jenen sprach er, daß ich's h. 10, 13.
13 | 19 meinem Volk, welches gern Lügen h.
18 | 25 ihr, vom Hause Israel.
19 | 9 daß s. Stimme nicht mehr geh. würde. Na. 2, 14.
26 | 13 Klang deiner Harfen nicht mehr h. Off. 18, 22.
31 | 16 erschrecke die Heiden, da sie ihn h. fallen.
33 | 30 laßt uns h., was der HErr sage.
31 deine Worte h., aber nichts darnach tun.
35 | 12 daß Ich all dein Lästern geh. 13.
36 | 15 will dich nicht mehr laffen h. die Schmähungen.
Da. 5 | 14 habe von dir h. sagen, daß du.
8 | 13 ich h. einen Heiligen reden. 16; 10, 9.
9 | 17 h. das Gebet deines Knechtes. 19.
12 | 8 ich h. es; aber ich verstund's nicht.
Hof. 5 | 1 ihr Priester, und merke. Joel 1, 2.
Joel 2 | 16 der HErr wird aus Jerus. h. laffen.
Am. 3 | 13 h., und zeuget im Hause Jakob.
23 ich mag kein Psalterspiel h.
8 | 11 ein Hunger nach dem Wort des HErrn, zu h.
Ob. | 1 wir haben vom HErrn geh.
Jon. 2 | 3 du h. meine Stimme.
Mi. 1 | 10 laßt euer Weinen nicht h.
3 | 1 h. doch, ihr Häupter im Hause Jakob. 6, 1. 9.
6 | 1 laß die Hügel deine Stimme h. 2.
7 mein Gott wird mich h.
Na. 3 | 2 wird man h. die Geißeln klappen.
19 die solches von dir h., werden mit Händen.
Hab. 3 | 2 wie lange . . und du willst nicht h.
2 habe dein Gerücht geh. 16.
10 die Tiefe ließ sich h.
Ze. 2 | 8 habe das Schmähen Moabs geh.
Sach. 7 | 11 verstockten ihre Ohren, daß sie nicht h. 12. 13.
8 | 9 die ihr h. diese Worte zu dieser Zeit.
23 wir h., daß Gott mit euch ist.
11 | 3 man h. die Hirten heulen.
Mal. 2 | 2 wo ihr's nicht h., noch zu Herzen nehmen w.
3 | 16 der HErr merk's, und h. es h.'s.
Jud. 5 | 4 mein Herr, willst du es gerne h.
11 | 4 wolleft deine Magd gnädiglich h.
13 | 11 Gott wird gepriesen w. bei allen, die . . h. werden.
14 | 1 lieben Brüder, h. mich!
Wsh. 1 | 6 Gott h. die Worte.
10 des Eifrigen Ohr h. alles.
6 | 2 h. nun, ihr Könige, und merket.
8 | 15 Tyrannen werden sich fürchten, wenn mich h.

13

Wsh.18 | 1 die Feinde h. ihre Stimme wohl.
Tob. 4 | 2 lieber Sohn, h. meine Worte. 14, 10. 12.
   9 | 1 mein Bruder, ich bitte dich, h. mein Wort.
Sir. 4 | 8 h. den Armen gerne.
   5 | 13 sei schnell zu h. Jak. 1, 19.
   6 | 35 h. gern jegliches Wort Gottes.
 16 | 22 wenn's ein roher Mensch h.
 18 | 14 er erbarmet sich aller, die Gottes Wort h.
 19 | 6 h. du was Böses, das sage nicht nach.
    10 haft du etwas geh., laß es mit dir sterben.
    15 glaube nicht alles, was du h.
 21 | 6 sobald der Elende ruft, h.'s Gott.
    18 wenn ein Vernünftiger eine gute Lehre h.
    19 wenn ein Weiser redet, das ist lieblich zu h.
 22 | 32 wird sich vor ihm hüten, wer's h.
 25 | 12 wohl dem, der lehret, da man's gern h.
 27 | 8 sollst niemand loben, du habest ihn denn geh.
    15 wo man viel schwören h.
    16 ist verdrießlich zu h., wenn sie.
 29 | 33 muß dazu bittere Worte h.
 37 | 23 man h. ihn doch nicht gern.
 41 | 29 schäme dich nachzufragen, was du geh.
 42 | 11 du von einem jeden Schande h. müffest.
 43 | 26 die wir's h., verwundern uns.
 45 | 5 er ließ (Mose) h. seine Stimme.
    11 daß der Klang geh. würde im Heiligtum.
 46 | 20 der Herr ließ sich h. in einem großen Wetter.
    23 (Samuel) ließ sich h. aus der Erde hervor.
 48 | 7 haft auf Sinai geh. die zukünftige Strafe.
Bar. 2 | 16 neige, Herr, dein Ohr, und h. doch! 3, 2.
    31 will ihnen Ohren geben, die da h.
   3 | 4 h. das Gebet Jsraels.
    9 h., Jsrael, die Gebote des Lebens.
    22 in Kanaan h. man nichts von (der Weisheit).
1 Mk. 3 | 45 man h. da weder Pfeife noch Harfe.
   6 | 41 wer sie h., entsetze sich.
 10 | 19 wir h. dich preisen für einen trefflichen Mann.
    26 haben gern geh., und ist uns eine Freude.
    61 der König wollte nicht h.
    74 da Jonathan solch Rühmen h., erzürnte er.
2 Mk. 3 | 3 das ist unschuldige Blut h.
 11 | 28 wenn es euch wohlginge, das h. wir gerne.
St.Est.3 | 5 habe von Kind auf geh.
Suf. | 27 desgleichen war nie von Susanna geh. worden.
Mt. 2 | 3 da das der König Herodes h. Mk. 6, 16.
    9 als sie den König geh., zogen sie hin.
    18 auf dem Gebirge ein Geschrei geh.
   4 | 12 da Jesus h., daß Johannes überantwortet.
   5 | 21 ihr habt geh., daß zu den Alten. 27.33.38.43.
   7 | 24 wer diese m. Rede h., u. tut sie. 26; Lk. 6,47.49.
   8 | 10 da das Jesus h. 14, 13; Lk. 7, 9; 8, 50; 18, 22; Joh. 11, 4. 6.
 10 | 14 noch eure Rede h., so gehet heraus.
    27 was ihr h. in das Ohr, das predigt.
 11 | 2 da Johannes die Werke Christi h.
    4 saget Joh. wieder, was ihr sehet u. h. Lk. 7, 22.
    5 die Tauben h. Mk. 7, 37; Lk. 7, 22.
    15 wer Ohren hat zu h., der h. 13, 9. 43; Mk. 4, 9. 23; 7. 16; Lk. 8, 8; 14, 35.
 12 | 24 die Pharisäer, da sie es h. 15, 12; 21, 45; 22, 34; Lk. 16, 14; Joh. 9, 40.
 13 | 13 mit h-ben Ohren h. sie nicht. Mk. 4, 12.
    16 selig eure Ohren, daß sie h.
    17 viel Propheten haben begehrt, zu h. Lk. 10, 24.
    18 h. dieses Gleichnis von dem Sämann.
    19 wenn jemand h. Wort. 20. 22. 23; Mk. 4, 15. 16. 18. 20; Lk. 8, 12—15.
 14 | 13 da das Volk das h., folgete es ihm.
 17 | 5 mein lieber Sohn .. den sollt ihr h. Mk. 9, 7; Lk. 9, 35.
    6 da das die Jünger h. 19, 25; Mk. 6, 29; 11, 14; Joh. 6, 60.

Mt. 18 | 15 h. er dich, so hast du deinen Bruder gewonnen.
    16 h. er dich nicht, so nimm noch einen. 17.
    17 h. er die Gemeine nicht, so halt ihn.
 19 | 22 da der Jüngling das Wort h. Lk. 18, 23.
 20 | 24 da das die Zehn h., wurden sie. Mk. 10, 41.
    30 da sie h., daß Jesus vorüberging.
 21 | 16 h. du auch, was diese sagen?
    33 h. ein ander Gleichnis.
 22 | 7 da das der König h., ward er zornig.
    22 da sie das h., verwunderten sie sich. Mk. 6, 2.
    33 da solches Volk h., entsetzten sie sich.
 24 | 6 werdet h. Kriege und Geschrei. Mk. 13,7; Lk. 21,9.
 26 | 65 jetzt habt ihr seine Gotteslästerung geh.
 27 | 13 h. du nicht, wie hart sie dich verklagen?
    47 da sie das h., sprachen sie: Der ruft dem.
Mk. 3 | 8 die seine Taten h., und kamen zu ihm.
    21 da es die Seinen h., gingen sie.
   4 | 24 sehet zu, was ihr h. .., die ihr dies h.
    33 sagte ihnen das Wort, nachdem sie es h. konnten.
   5 | 27 da die von Jesu h., kam sie von hinten zu.
    36 Jesus h. alsbald die Rede.
   6 | 11 welche euch nicht aufnehmen, noch h.
    20 Herodes h. ihn gerne.
    55 liefen .. wo sie h., daß er war.
   7 | 25 ein Weib hatte von ihm geh.
   8 | 18 ihr habt Ohren, und h. nicht.
 10 | 47 da er h., daß es Jesus war.
 12 | 37 viel Volks h. ihn gerne. Lk. 19, 48.
 14 | 11 da sie das h., wurden sie froh. 15, 35.
 16 | 11 da sie h., daß er lebete.
Lk. 1 | 41 als Elisabeth den Gruß Marias h. 44.
    58 ihre Nachbarn h., daß der Herr.
    66 alle, die es h., nahmen's zu Herzen.
   2 | 20 lobten Gott um alles, das sie geh. u. gesehen.
   4 | 23 wie große Dinge haben wir geh.
    28 wurden voll Zorns, da sie das h.
   5 | 1 d. Volk zu ihm drang, zu h. das Wort G. 15; 21,38.
   6 | 18 die da kommen waren, ihn zu h.
   7 | 3 da (der Hauptmann) von Jesu h. Joh. 4, 47.
    29 alles Volk, das ihn h., gaben Gott recht.
   8 | 21 m. Brüder sind, die Gottes Wort h. u. tun.
    9 wer ist dieser, von dem ich solches h.
 10 | 16 wer euch h., der h. mich.
 11 | 28 selig, die das Wort Gottes h. und bewahren.
 12 | 3 das wird man im Licht h.
 14 | 15 da solches h. einer, der mit zu Tisch.
 15 | 1 Zöllner und Sünder, daß sie h.
    25 h. er das Gesänge und den Reigen.
 16 | 2 wie h. ich das von dir?
    29 Mose u. die Proph., laß sie dieselb. h. 31.
 18 | 6 h. hie, was der ungerechte Richter saget. 20, 16.
    26 sprachen, die das h.: Wer kann.
    36 da (der Blinde) h. das Volk.
 22 | 71 haben's selbst geh. aus seinem Munde.
Joh. 1 | 37 die zween Jünger h. ihn reden. 40.
    8 du h. sein Saufen wohl.
    32 zeuget, was er gesehen und geh.
   4 | 42 wir haben selber h. und erfannt.
   5 | 24 wer mein Wort h., und glaubet dem. 12, 47.
    25 die Toten w. die Stimme des S. Gottes h. 28.
    30 wie ich h., so richte ich.
    37 habt ihr weder seine Stimme geh., noch.
   6 | 45 wer es h. vom Vater, und lernet's.
    60 eine harte Rede; wer kann sie h.?
   7 | 40 die diese Rede h., sprachen: Dieser ist wahrlich.
   8 | 9 da sie das h., gingen sie hinaus.
    26 was Ich von ihm h., habe, rede ich. 40; 15,15.
    43 ihr könnt ja mein Wort nicht h.
    47 wer von Gott ist, h. Gottes Worte.
   9 | 27 habt ihr's nicht geh.?

14

Joh. 9|31 wir wissen, daß Gott die Sünder nicht h.
31 so jemand .. tut seinen Willen, den h. er.
10 3 die Schafe h. seine Stimme. 27.
16 sie werden meine Stimme h.
11|20 als Martha h., daß Jesus kommt. 29.
42 Ich weiß, daß du mich allezeit h.
12|12 da viel Volks h., daß Jesus kommt. 18.
34 wir haben geh. im Gesetz.
14|24 das Wort, das ihr h., ist nicht mein.
28 habt geh., daß Ich euch gesagt.
16|13 was er h. wird, das wird er reden.
18|21 frage die darum, die geh. haben.
37 wer aus der Wahrheit ist, der h. meine Stimme.
19| 8 da Pilatus das Wort h., fürchtete er sich.
21| 7 da Petrus h., daß es der Herr war.
Ap. 1| 4 Verheißung des Vaters, w. ihr geh. von mir.
2| 6 h. ein jegl., daß sie mit s. Sprache redeten. 8.
11 wir h. sie mit unf. Zungen die großen Taten.
22 Männer von Israel, h. diese Worte.
33 hat ausgegossen dies, das ihr sehet und h.
37 da sie das h., ging's ihnen. 5, 33; 7, 54.
3|22 den sollt ihr h. in allem, das er. 23; 7, 37.
4|18 da sie sich allerdinge nicht h. ließen.
20 daß wir nicht reden sollten, was wir geh.
24 da sie das h., huben sie ihre Stimme auf.
5| 5 da Ananias diese Worte h.
5 kam eine Furcht über alle, die dies h. 11.
24 da diese Rede h. der Hohepriester.
6|11 wir haben ihn geh. Lästerworte reden. 14.
8|14 da die Apostel h. zu Jerusalem, daß.
30 lief Philippus hinzu und h., daß er den Proph.
9| 4 eine Stimme, die sprach. 7; 11, 7; 22, 7. 9. 14; 26, 14.
13 habe geh. von diesem Mann, wieviel Übels.
21 entsetzten sich alle, die es h.
10|22 daß er sollte .. Worte von dir h.
33 sind gegenwärtig vor Gott, zu h. alles.
46 sie h. daß sie mit Zungen redeten.
11|18 da sie das h., schwiegen sie stille.
13| 7 der Landvogt begehrte, das Wort Gottes zu h.
44 kam zuf. die ganze Stadt, d. Wort Gottes zu h.
48 da es die Heiden h., wurden sie froh.
14| 9 der (Lahme) h. Paulus reden.
14 da das Barnabas und Paulus h.
15| 7 daß die Heiden das Wort .. h., und glaubten.
16|25 es h. sie die Gefangenen.
17| 8 sie bewegten den Oberften, die solches h.
21 die Athener waren gerichtet .. Neues zu h.
32 da sie h. die Auferstehung der Toten.
32 wir wollen dich davon weiter h.
18|14 wenn es ein Frevel, h. ich euch billig.
26 da ihn Aquila und Priscilla h.
19| 2 haben nie geh., ob ein heiliger Geist sei.
5 da sie die h., ließen sie sich taufen.
10 daß alle in Asien das Wort Jesu h.
28 als sie das h., wurden sie voll Zorns.
21|20 da sie das h., lobeten sie den Herrn.
22| 1 h. mein Verantworten. 2.
15 wirst Zeuge sein des, du du gesehen und geh.
23|16 da Paulus' Schwestersohn den Anschlag h.
24| 4 wollest uns kürzlich h. 26, 3.
22 da Felix solches h., zog er sie hin.
25|22 ich möchte den Menschen auch gerne h.
26|29 daß alle, die mich h., solche würden.
28|15 die Brüder von uns h., kamen sie aus.
22 wollen von dir h., was du hältst.
28 den Heiden das Heil .. sie werden's h.
Rö. 2|13 nicht die das Gesetz h., gerecht sind, sondern.
10|14 wie sollen sie glauben, von dem sie nichts h.
14 wie sollen sie h. ohne Prediger.

Rö. 10|18 haben sie es nicht geh.?
15|21 welche nicht geh. haben, sollen's verstehen.
1 Kor.2| 9 das kein Auge gesehen, und kein Ohr geh.
11|18 h. ich, es seien Spaltungen unter euch.
14|21 werden mich nicht h., spricht der Herr.
2Kor.12| 6 nicht mich höher achte, denn er von mir h.
Ga. 1|13 ihr habt wohl geh. meinen Wandel.
Eph. 1|13 durch welchen ihr geh. das Wort der Wahrheit.
15 nachdem ich geh. von dem Glauben. Kol. 1, 4; Philem. 5.
3| 2 nachdem ihr geh. von dem Amt der Gnade.
4|21 so ihr anders von ihm geh. habt.
29 daß es holdselig sei zu h.
Phi. 1|27 ob ich komme, oder abwesend von euch h.
30 habet denselben Kampf, welchen ihr von mir h.
2|26 daß ihr geh., daß er krank war.
Kol. 1| 5 Hoffnung, von welcher ihr zuvor geh. 23.
6 von dem Tage an, da ihr's geh. 9.
2 Th.3|11 wir h., daß etliche wandeln unordentlich.
1Tim.4|16 wirst dich selig machen, und die dich h.
2Tim.1|13 was du von mir geh. hast durch viel Zeugen.
4|17 auf daß durch mich alle Heiden h.
2 Pe. 1|18 diese Stimme haben wir geh. vom Himmel.
2| 8 daß (Lot) es sehen und h. mußte.
1 Joh.1| 1 das wir geh. haben. 3. 5.
2 das Wort, das ihr von Anfang geh. 24; 3, 11; 2 Joh. 6.
18 wie ihr geh., daß der Widerchrift kommt. 4, 3.
4| 5 die Welt h. sie.
6 wer Gott erkennet, der h. uns.
5|14 so wir bitten nach seinem Willen, h. er uns. 15.
3 Joh. 4 daß ich h. meine Kinder in der Wahrh. wandeln.
Ebr. 2| 1 desto besser wahrnehmen des Worts, das wir h.
3 ist auf uns kommen durch die, so es geh.
3|16 welche, da sie h., richteten eine Verbitterung an.
4| 2 da nicht glaubten denen, so es h.
12|19 Stimme, welcher sich weigerten, die sie h.
Jak. 1|19 ein jeglicher Mensch sei schnell, zu h.
5|11 die Geduld Hiobs habt ihr geh.
Off. 1| 3 selig, die da h. die Worte der Weissagung.
10 eine große Stimme. 4, 1; 5, 11; 9, 13; 10, 4. 8; 12, 10; 14, 2. 13; 16, 1; 18, 4; 19, 1. 6; 21, 3.
2| 7 wer Ohren hat, der h. 11. 17. 29; 3, 6. 13. 22; 13, 9.
3 gedenke, wie du empfangen und geh. hast.
20 so jemand meine Stimme h. wird.
5| 3 alle Kreatur h. ich sagen.
6| 1 ich h. der vier Tiere eines sagen. 3. 5—7.
7| 1 ich h. d. Zahl derer, die verfiegelt wurden. 9, 16.
8|13 ich h. einen Engel fliegen.
9|20 Götzen, welche weder sehen, noch h.
11| 1 eine große Stimme vom Himmel.
16| 5 ich h. den Engel der Waffer sagen. 7.
18|22 Stimme der Sänger soll nicht mehr geh. w.
17 wer es h., der spreche: Komm!
18 alle, die da h. die Worte der Weissagung.

Hörer.
4 M.24| 4 es saget die .. göttliche Rede. 16.
Jak. 1|22 seid Täter des Worts, nicht H. allein. 23. 25.

Hörigkad.
4 M.33|32 lagerten sich in H.

Hori.
1 M.36|22 ¹des Lotan Kinder h.: H. 1 Ch. 1, 39.
4 M.13| 5 ²Saphat, der Sohn H.

Horiter.
1 M.14| 6 die H. auf ihrem Gebirge Seir. 5 M. 2, 12.
36|20 die Kinder von Seir, die H. 21. 29. 30.
5 M. 2|22 da er die H. vor ihnen vertilgte.

Wort gegen Bild
Zur Frühgeschichte der Symbolik des Hörens
Franz Mayr

Verglichen mit dem Gesichtssinn nimmt der Hörsinn und seine Symbolik in der westlichen Kultur fast immer den zweiten Rang ein. Im Gegensatz zum raumorientierten Sehen, das seit dem klassischen Griechentum das primäre Symbol für geistige Erkenntnis ist, ist das Hören in einer besonderen Weise zeit-, sprach- und personenbezogen. Das Hören auf die Stimme des anderen begründet — anders als das distanzierende Sehen — zwischenmenschliche Gesellschaft.

1. Die Symbolik des Hörens im alten Griechenland

Das Hören auf das Wort von Weisen und Dichtern prägte die homerische Adelsgesellschaft im Griechenland des 8. Jahrhunderts vor Christus. Man erinnert sich der „geflügelten Worte" in *Ilias* und *Odyssee*. Aber schon die vorsokratischen Denker zogen das Sehen dem Hören vor. „Augen sind genauere Zeugen als Ohren", heißt es bei Heraklit von Ephesus — ein Satz, der die mythisch-poetische Oral-Kultur des homerischen Griechenland bereits im 6. Jahrhundert vor Christus unter Kritik stellte.

Doch die orakle Kultur des Hörens machte ihren mächtigen Einfluß auf Erziehung, Politik, Drama und Rhetorik auch dann noch geltend, als in Kunst, Wissenschaft und Philosophie die visuelle Symbolik der neuen literarischen Kultur schon den Sieg davongetragen hatte. Der unter Musikbegleitung rezitierende Dichter hörte noch immer auf die Musen, die Töchter der Göttin Mnemosyne, Symbolfiguren des oral-auditiven Kulturgedächtnisses. Selbst noch Sokrates hörte auf sein berühmtes ‚Daimonion‘, die innere Stimme, die ihn vom Falschen und Schlechten abhielt.

Die Übernahme und Transformation der phönizischen Buchstabenschrift und des Alphabets um 700 vor Christus hat den allmählichen Übergang zu einer vorherrschend visuellen, philosophisch-wissenschaftlichen Kulturstufe zweifellos sehr gefördert. Die Ausbreitung des internationalen Handels, das Aufkommen geschriebener Gesetze und die ersten Ausformungen demokratischer Bewegungen in den griechischen Stadtstaaten begünstigten die Entwicklung einer Literalkultur.

Sowohl die Sophisten als auch der hartnäckig fragende ‚Maieutiker‘ Sokrates (470-399 v. Chr.) vertreten, jeder auf seine Weise, diese erste griechische ‚Aufklärung‘. Das Auge ersetzt nun zunehmend Sinn und Symbol des Ohres. Das philosophisch-kritische Denken tritt mehr und mehr an die Stelle der poetischen Inspiration. Das stille Lesen ermöglicht, zumindest den Gebildeten, einen zunehmend individuell-analytischen Lebens- und Denkstil. Das laute, am Hören orientierte Lesen wird freilich daneben bis in die Spätantike weitergepflegt. Noch Augustinus (354-430) äußerte sich in seinen *Confessiones* „erstaunt“ über das stille, rein visuelle Lesen des Mailänder Bischofs Ambrosius.

Es war Platon (427-347 v. Chr.), der, am Wendepunkt zwischen der älteren Wort- und Sprachkultur des Hörens und der jüngeren Bild- und Begriffskultur des Sehens, auch die Zweideutigkeit dieser Entwicklung zum Ausdruck brachte: Er schreibt — im Unterschied zur philosophischen Prosa seines Schülers Aristoteles (384-322 v. Chr.) — seine Dialoge noch wie ein inspirierter Dichter, argumentiert aber schon wie ein Denker der beginnenden Literalkultur.

Platons Erkenntnis-, Ideen- und Licht-Metaphysik nimmt prinzipiell Abschied vom hörenden Welt- und Wirklichkeitsverständnis. Zwar wertet er das bloß sinnliche Sehen gegenüber dem geistigen Sehen ab, das eine bleibt aber die Stufenleiter für das andere, ähnlich wie irdische Schönheit die Vorstufe der überirdischen Schönheit ist.

Das neue, geistig sehende Wirklichkeitsverständnis bleibt in vielen geschichtlichen Gestalten über Mittelalter und Neuzeit bis zur Gegenwart bestimmend. (Nur am Rande sei vermerkt, daß dabei das Hören, als rezeptives Verhältnis zur Wirklichkeit, mehr in weiblicher, das Sehen dagegen, als aktives Verhältnis zur Wirklichkeit, mehr in männlicher Symbolik erscheint.)

Obwohl Platon den mündlichen Dialog, idealisiert in der Gestalt des immer disputierenden Sokrates, gegenüber der abstrakten Schrift verteidigt, bewegt sich doch sein eigenes Denken in Richtung auf die neue, visuell-geistige Wirklichkeitsauffassung. Das begriffliche, sich von der überkommenen Muttersprache immer mehr lösende ‚Sehen' im Sinne rationaler Ein-Sicht begründet die Methode der zukünftigen philosophischen Gottes-, Welt- und Menschenerkenntnis.

In seinem *7. Brief* weist Platon, ausgehend von dieser neuentdeckten Begriffsdialektik, ausdrücklich auf die „Schwäche der Sprache" hin – und ist damit ein früher Vorläufer der modernen Sprachkritik des logischen Positivismus und der analytischen Philosophie, die auch die Umgangssprache zugunsten einer logisch gereinigten, ‚idealen' Begriffssprache abwertet.

Erst die jüngste Gegenwartsphilosophie hat in ihren zwei größten Sprachdenkern, Ludwig Wittgenstein (1889-1951) und Martin Heidegger (1889-1976), die Grenzen dieses visuell orientierten, ungeschichtlichen Sprachverständnisses seit Platon aufgezeigt: Die einseitige Analogie des Sehens für geistiges Erkennen und die unberechtigte Gleichsetzung jeglicher Erkenntnis mit ‚Gegenstands'-Erkenntnis lassen den im Hören begründeten, dialogisch-mitmenschlichen, kontext-abhängigen Charakter der menschlichen Sprache, ihre Verwurzelung in geschichtlichen „Lebensformen" (Wittgenstein) in den Hintergrund treten oder gar ganz vergessen. Das visuelle Erkenntnis-Paradigma reduziert das ursprüngliche Hören auf den vielfältigen Sprach-Logos der geschichtlichen Mutter- und Alltagssprache, auf das individuell-geistige Sehen von Begriffen und die entsprechende Ontologie von ‚Gegenständen'. Auch der Mensch wird mehr und mehr als von außen beobachtbarer und manipulierbarer ‚Gegenstand' verstanden. Die Symbolik des Sehens dominiert die Symbolik des Hörens.

Im westlichen Denken, vor allem in der modernen, mathematischen Naturwissenschaft, wurde die vom sprachlich-mitmenschlichen Kontext abstrahierende Metapher des Sehens zum einseitigen Erkenntnismodell — obwohl das geistig-sehende Erkennen, wie sowohl Platon (Denken = „Dialog der Seele mit sich selbst") als auch Aristoteles sich noch halb bewußt waren, ein geschichtlich komplexes, durch das Hören auf menschliche Sprecher und menschliche Sprachgemeinschaft vermitteltes Ereignis ist.

Eine übertriebene Verdinglichung von Begriffen und eine aus ihrem mitmenschlichen Kontext gerissene Sprache waren die Folgen dieser Visualisierung des Wortes. Auch Gott, der gemäß jüdisch-christlicher Glaubenstradition das dem menschlichen Denken unzugängliche, nur im Offenbarungswort hörbare Geheimnis ist, hat man in der einseitig visuell orientierten westlichen Metaphysik als höchsten ‚Gegenstand' des (sehenden) Denkens zu begreifen versucht.

Seit Platons Lobpreis des Sehens in der *Republik* und im *Timaeus* konnte Hören in Philosophie und Wissenschaft nur noch als zweitrangig erscheinen. Immerhin: Obwohl auch Aristoteles den Gesichtssinn für den höchsten Sinn hielt, so sah er doch, daß das Hören für den Erwerb von Sprache und Bildung, also für die menschliche, auf Sprechen und Hören begründete Sprachgemeinschaft, entscheidender ist als das Sehen.

2. Die Symbolik des Hörens in der jüdisch-christlichen Tradition

Im Gegensatz zur vorherrschend visuell orientierten

19

griechischen Kultur bewahrte das Judentum die Religions- und Kultursymbolik des Hörens. In dieser Hinsicht stand es den Römern nahe, die ebenfalls eine innere Beziehung sahen zwischen ihrem geschichtlichen Berufungsbewußtsein und dem Hören auf Tradition und Autorität (z. B. den Rat der Alten, die ‚maiores‘).

Auch das römische Recht, von den *XII Tafeln* bis zum *Corpus Juris* Kaiser Justinians I. (527 - 565), war auf Tradition, mündliche Rechtsprechung und die rituell-formelhafte Richtigkeit von Worten und Namen gegründet; und die eng mit Recht und Politik verbundene römische Religion leitete die Existenz der Götter nicht wie die Griechen von philosophischen Beweisen ab, sondern von der geschichtlichen ‚auctoritas‘, vom Hören auf die Tradition.

Die Thora und die Propheten bringen die mündliche (erst viel später niedergeschriebene) Tradition vom Bunde zwischen Gott und Israel, von Gottes Handeln mit Israel und Israels Antwort, im Hören und Gehorchen zum Ausdruck. „Höre, Israel ...“, das sogenannte Shema, mit dem der Jude im Gebet den Tag beginnt und beschließt, ist die Kurzformel für Israels Glauben. Das Ohr, nicht das Auge ist das zentrale Organ der Gottesbegegnung.

Der biblische Gott ist in seiner absoluten Transzendenz als Schöpfergott nicht wie bei den Griechen dem sehenden Denken zugänglich, sondern dem im Willen verankerten hörenden Glauben. Abrahams Glaube ist das Vorbild. Die Furcht Gottes ist der Anfang der Weisheit. Dem souveränen Willen Gottes entspricht hier nicht die intellektuelle Einsicht des Menschen, sondern das hörende Vernehmen einer personalen, geschichtlichen Offenbarung.

Selbst visuelle Analogien, wie zum Beispiel in der Lichtsymbolik oder in den prophetischen Visionen, hat das Judentum stets vom gehörten Wort her verstanden und interpretiert. Der bildlose Kult und das allgemeine Bilderverbot, das ja nicht nur gegen die Idolatrie im Götzendienst, sondern auch gegen die Vergöttlichung

des Kreatürlichen (z. B. in den antiken Fruchtbarkeits-
kulten) gerichtet war, ist ein Imperativ gegen alles sün-
dige Sehen- und Haben-Wollen, gegen die ‚Augenlust'.
Von diesem alttestamentarischen Hintergrund her ist es
zu verstehen, daß auch das Neue Testament den Götzendienst ausdrücklich mit Begehrlichkeit und Habsucht in
Verbindung bringt.

Auch im Christentum bleibt, trotz der Inkarnation
Gottes in Jesus Christus und damit dem Sichtbarwerden
des Unsichtbaren, die dergestalt fleischgewordene
Visualsymbolik zunächst dem Hören des Wortes zu-
und untergeordnet. Der geistgeschenkte Glaube kommt
vom Hören („fides ex auditu") und besteht in der „Überzeugung von dem, was man sieht" (Hebr. 11, 1-3).

Das Hören spielt in den Evangelien eine bedeutende
Rolle, sowohl bei den sogenannten Synoptikern Matthäus, Markus und Lukas (vgl. Mk. 4, 9; 7, 16: „Wer
Ohren hat, der höre") als auch im sonst mehr visuell
orientierten Johanneischen Schrifttum (Joh. 8, 47: „Wer
aus Gott ist, hört auf Gottes Wort"). Die alttestament-
lich-jüdische Theologie vom Worte (dabar) und Namen
(memra) Gottes (und die damit verbundene Symbolik
des Hörens) beeinflußte nicht zuletzt die ‚Logos'-Theo-
logie des Prologs zum Johannes-Evangelium.

3. Die Versöhnung zwischen Hören und Sehen im frühen Christentum

Die Dialektik von Auge und Ohr, von Bild und Wort
spielte in der europäischen Frühgeschichte eine entscheidende Rolle, zuerst im hellenistischen Judentum,
dann bei den christlichen Apologeten und Kirchenvä-
tern. Die Spannung „zwischen Athen und Jerusalem"
(Tertullian), zwischen dem griechischen Primat des
Sehens und dem jüdisch-christlichen Primat des Hörens,
durchherrscht die abendländische Geistesgeschichte
und erreicht in der Begegnung des jüdisch-christlichen
Glaubens mit der griechischen Geisteswelt, vorbereitet

durch die *Septuaginta*-Übersetzung des Alten Testaments ins Griechische, ihren ersten Höhepunkt.

Die frühesten Protagonisten dieser Auseinandersetzung zwischen Antike und Christentum, zwischen Hören (Glauben) und Sehen (Wissen), waren im Westen Tertullian, im Osten Tatian, beide im zweiten Jahrhundert nach Christus lebend, der eine ein in Karthago geborener römischer Jurist und Kirchenvater, der andere ein gnostischer Sektenführer aus Syrien, der in der Philosophie ein Werk gottfeindlicher Dämonen sah.

Das fälschlich Tertullian zugeschriebene Wort „Credo quia absurdum" (ich glaube, weil es widervernünftig, d. h. nicht ,einsichtig' ist) kennzeichnet den einen Pol dieser scharfen frühchristlichen Kontroverse. Aber schon im dritten und vierten Jahrhundert assimilierte die christliche Theologie das in visueller Symbolik verwurzelte griechisch-philosophische Denken.

Obwohl die christlichen Kirchen in den ersten drei Jahrhunderten bildlichen Darstellungen noch weithin skeptisch gegenüberstanden, tauchen in der nachkonstantinischen Kirche immer mehr Bilder und Plastiken auf. Paulinus, Bischof von Nola (353-431), berichtet, daß es in einigen Kirchen sogar schon Darstellungen der Dreifaltigkeit gab, freilich noch ohne Verwendung menschlicher Figuren. Das Symbol für Gott-Vater war interessanterweise ein akustisches, nämlich die vom Himmel herabdröhnende Donnerstimme. Der Sohn wurde durch ein Lamm dargestellt, der Heilige Geist durch eine Taube.

Wichtigster Denker in dieser Auseinandersetzung zwischen Christentum und platonisch-neuplatonischer Philosophie war, zumindest im Westen, der große Kirchenlehrer Augustinus (354-430). Er gab dem Christentum erstmals eine Theologie des Willens und der Freiheit, der Heilsgeschichte, der Sünde und Gnade — und er gab ihr die berühmte, philosophisch reflektierte und psychologisch fundierte Trinitäts-Theologie, die Gott-Vater bekanntlich mit dem Gedächtnis, der ,memoria', also dem Symbol der (auf das Gedächtnis begründeten) Kulturtradition des Hörens und Sprechens vergleicht.

Trotz seines tiefen Verständnisses der christlichen Offenbarung und des christlichen Glaubens und trotz seines Wissens um die Zusammengehörigkeit von Hören, Sprache und Mitmenschlichkeit bleibt Augustinus freilich weitgehend der platonisch-neuplatonischen, visuellen Wirklichkeitsdeutung verhaftet. Der Vorrang des Gesichtssinns, die Metaphern von Auge und Licht für Erkenntnis und Wirklichkeit, die Abwertung des gehörten und gesprochenen Wortes gegenüber geistiger Wesensschau, die Interpretation auch des innergöttlichen, ewigen Wortes (Logos) in visuellen Analogien charakterisieren seine Höherwertung des Sehens über das Hören. Selbst die Musik, für die er, wie für die Schönheit der Sprache, eine tiefe, uneingestandene Liebe empfand, hat er in pythagoräisch-platonischer Tradition nicht von der Praxis, also vom Hören her, sondern von der Theorie, also der Einsicht in die visualisierbare mathematische Struktur her, begriffen.

In seiner Trinitäts-Theologie macht Augustinus immerhin den Versuch einer letzten Versöhnung zwischen der Symbolik von Hören und Sehen, und zwar im göttlichen Sein selbst, in der Wesensgleichheit von Vater und Sohn in Gott, in der das ewige Wort den Vater ‚hört‘, indem es ihn ‚sieht‘: In Gott als Vater, Sohn und Geist bilden Hören (audire) und Sehen (videre) eine absolute Einheit.

Nach und neben dem großen Augustinus war es vor allem Benedikt von Nursia (ca. 480 - 542), der Vater des abendländischen Mönchstums und Verkünder eines neuen christlichen Lebensstils, der die Fundamente für das Mittelalter gelegt hat. Er verknüpft erstmals das antike Ideal des theoretischen Lebens und das im östlichen Mönchstum oft mit asketischer Lebensverneinung verbundene Ideal des kontemplativen Lebens mit dem römisch-westlichen Ideal von ‚ordo‘ und ‚disciplina‘ und mit dem christlichen Glaubensgehorsam (konkret kodifiziert in der Ordensregel).

23

Gegenüber dem enthusiastischen Eifer der Wüstenväter betont Benedikt in seiner nach dem Vorbild der altrömischen Familie sowie des römischen Militärs gegründeten, aber nun christlich transformierten Klostergemeinschaft das (Ge-) Horchen auf Gott, die Kirche und den Abt. Der Ruf zum Hören auf die Stimme Gottes und des Oberen steht gleich zu Beginn der Benediktus-Regel: „Obsculta, o fili" (Horche, mein Sohn").

Das benediktinische Mönchsideal des „ora et labora", des kontemplativen Gebetes und der kulturformenden Arbeit, versöhnt das Ideal der (visuell symbolisierten) Kontemplation mit dem westlich-römischen Ideal der aktiven Willens-, Gehorsams- und Berufs-Ethik. Im Hören auf die Schrift und auf den Oberen wird der römische Gehorsam in den neuen christlichen Gehorsam und die neue christliche Demut erhoben. In der turbulenten Umbruchszeit zwischen dem Untergang der antiken Welt und der Morgendämmerung des Mittelalters versprechen die drei benediktinischen Ordensgelübde der ‚stabilitas', der ‚conversio morum' und der ‚oboedientia' eine neue Lebensform für einen neuen christlichen Menschentyp.

4. Der Bilderstreit des östlichen Christentums

Im Gegensatz zum westlichen, mehr römisch geprägten Christentum blieb der christliche Osten tiefer dem griechischen Erbe einer primär visuell orientierten Geisteskultur mit platonisch-neuplatonischen Ursprüngen verpflichtet. Das gilt besonders für die erste christliche Katecheten- und Theologen-Schule in Alexandria.

Unter dem Einfluß platonischen und gnostischen Gedankengutes haben die Lehrer dieser Schule, allen voran Klemens und Origenes, das Christentum, das für die breite Masse bis dahin nur im Hören auf die Heilige Schrift und die kirchliche Tradition bestand, erstmals philosophisch und allegorisch interpretiert.

Klemens von Alexandrien (gest. vor 216) macht einen

Unterschied zwischen dem biblischen, im Hören vermittelten Glauben und der höheren, nun als christlich verstandenen Gnosis, die in der philosophischen Reflexion auf die Glaubensmysterien besteht. Hörender Glaube ist für ihn der Anfang, sehend-begriffliche Gnosis die Vollendung des Christentums.

Auf eine systematischere und originellere Weise folgt auch Origenes (um 185-253/54) dieser Verhältnisbestimmung zwischen Glauben und Gnosis. Beide, Origenes wie Klemens, lehnen, der platonischen Abwertung des sinnlichen gegenüber dem geistigen Sehen folgend, bildliche Darstellungen, vor allem des menschlichen Körpers, ab. Nach Origenes lenken Bilder die Augen der Seele von Gott ab.

Gegenüber den Angriffen der philosophisch gebildeten Heiden, wie etwa des Platonikers Celsus, verteidigt Origenes aber den hörenden Glauben der Christen damit, daß Christus zur Masse der ‚hörenden‘, weil ungebildeten Christen herabgestiegen sei. Nur wenige würden versuchen, diese Dinge philosophisch zu verstehen.

In der Übernahme platonisch-dualistischer Denkmotive, vor allem der Analogie der philosophisch-spekulativen ‚Einsicht‘ (Gnosis) in die Glaubensmysterien, zeigt sich bereits die später noch zunehmende Tendenz der ostchristlichen Theologie zur Spiritualisierung und Allegorisierung – und damit zur Entgeschichtlichung der christlichen Botschaft.

Auch die mehr geschichtlich, am Hören des historischen Offenbarungswortes orientierte Theologen-Schule von Antiochia konnte die griechische Logos-Metaphysik nicht überwinden. Nur Johannes Chrysostomus (345-407), der berühmte Prediger und Patriarch von Konstantinopel, wertete in seinen *Homilien* immer wieder das Zeugnis der Ohren gegenüber dem antiken Vorrang des Sehens auf.

Ein ähnliches Problem hatte sich schon vor der christlichen Auseinandersetzung mit dem antiken Denken den hellenistischen Diaspora-Juden bei ihrer Begegnung mit der griechischen Philosophie gestellt. Das klassische Beispiel ist Philon der Jude (um 20 v. Chr.–50 n. Chr.), ein hellenistischer Philosoph aus Alexandria, der eine Synthese suchte zwischen dem jüdischen Glauben (Hören), an dem er festhalten wollte, und der Philosophie von Platonismus und Stoa (Sehen).

Philons – vom orthodoxen, rabbinischen Judentum abgelehnte – Synthese bedeutete nicht weniger als die Hellenisierung des Judentums – und damit den Sieg der Symbole des Sehens über die des Hörens: Unversehens verwandelt sich bei Philon das biblische Hören auf das Wort Gottes in das Begreifen Gottes durch die Augen der Seele. Selbst der Name Israel steht allegorisch für die Rasse, die „Gott sieht", während Ismael das dem Sehen untergeordnete Hören auf Gott symbolisiert.

Dieses griechische Erbe der primär visuellen Erkenntnis- und Wirklichkeits-Symbolik beherrschte von der Ikonenverehrung bis zum Licht-Symbolismus das östliche Christentum: Gott ist Licht; die Erkenntnis Gottes geschieht durch Illumination; Jesus ist das vollkommene ‚Bild' (Eikon) Gottes; der Mensch kann zur mystischen Vision Gottes aufsteigen; undsoweiter.

Diese im Osten von Origenes (um 200 n. Chr.) bis zu Dionysius Pseudo-Areopagita (um 500 n. Chr.), von Athanasius Alexandrinus (um 300 n. Chr.) bis zu Maximus Confessor (ca. 580–662) reichende Tradition wurde im achten und neunten Jahrhundert durch die (von einigen byzantinischen Kaisern unterstützte) ikonoklastische Bewegung der Bilderstürmer abrupt unterbrochen.

Sowohl die Ost-Kirche, die ihre Orthodoxie mit dem Tod vieler Märtyrer und dem Verlust zahlreicher Ikonen zu bezahlen hatte, als auch die West-Kirche, die 835 unter Papst Gregor IV. das Fest Allerheiligen einführte, hielten gegen die Bilderstürmer an der Bilderverehrung fest. Zum letzten Mal verteidigte hier das Christentum die Harmonie zwischen Wort und Bild, Hören und Sehen. Das alttestamentarische Bilderverbot war durch die Menschwerdung Gottes in Jesus Christus überholt, so Johannes Damascenus (um 650-750), der größte Theologe während des Bilderstreits.

Während das östliche Christentum die griechische Bild-Metaphysik mit der christlichen Ikonen-Theologie unterbauen konnte, orientierte sich das westliche Christentum mit seiner mehr römischen, an Wort, Hören, praktischer Tat interessierten Mentalität auch im Bilderstreit mehr didaktisch als theologisch.

Für die Ost-Kirche begründete das geistige Sehen der ewigen Mysterien Gottes in Jesus Christus, der wahrhaften Ikone des unsichtbaren Gottes, das Hören der Wortbotschaft. Für die West-Kirche dagegen war und blieb die Ikone vor allem ein praktisches Mittel der Seelsorge, nützlich als „Bibel der Ungebildeten", wie es Papst Gregor im Jahre 600 ausgedrückt hatte. Noch im Mittelalter rechtfertigte man die Bilderverehrung ganz im Sinne von Gregors „Biblia pauperum" als Erzählung der christlichen Heilsereignisse für das gewöhnliche Volk — also als Ersatz für das Hören.

Atlante, eine Krieger- oder Wächterfigur aus dem mexikanischen Chichen-Itzá (8. bis 9. Jahrhundert)

Im Anfang war das Ohr
Bruno Kottwitz

Das menschliche Ohr hat über seine Funktion als Hörorgan hinaus seit uralten Zeiten als erogener Körperteil eine große Bedeutung. Als Symbol des weiblichen Genitales ist es bereits in vorchristlichen, vorderasiatischen und alten ägyptischen Kulturkreisen bekannt. Einen besonderen Stellenwert nimmt das Ohr seit jeher in den Mythologien der Völker des Orients, des Okzidents und der damals noch unbekannten „Neuen Welt" ein.

Riesengroß sind die Ohren der im mexikanischen Chichen-Itzá entdeckten Krieger- oder Wächterfigur aus dem 8. bis 9. Jahrhundert. Und noch fünf Jahrhunderte später, als die Spanier den Kontinent entdeckten, trugen die Eingeborenen Ohrenpflöcke, in die Figuren geschnitzt waren, die ihrerseits wiederum Ohrenpflöcke trugen. Die Spanier nannten diese Eingeborenen deshalb „Orejones", die Großohrigen.

Aus dem 12. Jahrhundert stammt eine Steinmetzarbeit in dem Türsturz eines Portals in der berühmten französischen Benediktinerabtei Vézelay. Sie zeigt drei Panotier, einen Mann, eine Frau und ein Kind, mit Ohren so groß wie Flügel. Diese Panotier sollen Wesen verkörpern, die ganz Ohr sind und in Skythien, also in der eurasischen Steppe, im ersten Jahrtausend lebten. Ein Sinnbild für das Hören am äußersten Rande der Welt.

Und noch auf der Schwelle vom Mittelalter zur Neuzeit gibt bei Hieronymus Bosch (1450-1516), dessen Bilder voll rätselhafter Symbolik stecken, das Ohr eines dieser Rätsel auf. Durch die Hölle seines „Gartens der Lüste" (um 1500, Prado/Madrid) fährt ein riesiges Paar Ohren wie ein Panzerwagen. Die „Achse" ist ein Messer, das alles zerstückelt, was ihm in die Quere kommt. Ein

Hieronymus Bosch: „Garten der Lüste" (Ausschnitt)

Pfeil durchbohrt die Ohren genau an der Stelle, wo heutzutage die Akupunkteure Patienten mit Ischias punktieren. Wahrscheinlich, so vermutet das Lehrbuch der Ohr-Akupunktur von Nogier, habe es schon damals eine Ohr-Akupunktur gegeben.

Aus der indischen Mythologie stammt die Geschichte von der Jungfrau Kunti. Sie habe, so heißt es, einmal den Sonnengott durch einen Zauberspruch zu sich zitiert. Als dieser daraufhin als Lohn von ihr den Geschlechtsverkehr verlangte, habe Kunti auf ihre Unberührtheit verwiesen, woraufhin der Gott ihr den Verkehr durch das Ohr vorgeschlagen habe.

In medizinischen Texten aus dem Ägypten der Pharaonen wird überliefert, daß die Ohren damals als Eintrittsstellen für den Lebens- beziehungsweise Todeshauch gegolten haben. Und in einer mongolischen Legende wird von der Jungfrau Maya erzählt, die von Chigemouni im Schlaf geschwängert worden sei, indem dieser durch ihr Ohr eindrang.

Mit dem Mythos der Empfängnis durch das Ohr ist auch das christliche Mittelalter und seine Bildwelt umgeben. Bilder waren das Medium, um die abendländische Bildung, die Eigentum der Kirche war, unter das

Volk zu bringen. Durch diese Andachtsbilder sollte der Laie, der weder lesen noch schreiben konnte, sich ein Bild von der Lehre der Kirche machen können.

Der Verkündigung an Maria liegt das Lukasevangelium (Lk 1.26-38) zugrunde. Gabriel spricht: „Du wirst empfangen und einen Sohn gebären und ihm den Namen Jesu geben." Darauf Maria: „Wie wird das geschehen, da ich keinen Mann erkenne?" Gabriel: „Der Heilige Geist wird über Dich kommen und Kraft des Allerhöchsten dich überschatten ... Denn bei Gott ist kein Ding unmöglich."

Daß diese Verkündigung des Herrn über die Empfängnis durch das Ohr dargestellt worden ist, hat seinen Ursprung in der Kirche des Oströmischen Reiches. „Gemäß der ostkirchlichen Lehre hat Maria Jesus durch das Ohr empfangen", schreibt der Historiker A. Demandt in seinen 1978 erschienenen Metaphern für Geschichte. Eine Lehre, entstanden gegen Ende des 2. Jahrhunderts, die in der byzantinischen Kunst nicht ohne Folgen blieb.

Abendländische Kirchenväter haben die Lehre einer auralen Empfängnis über Jahrhunderte abgelehnt. Erst im 12. und 13. Jahrhundert wurde sie auch von den Theologen der Westkirche einbezogen. Seit dieser Zeit findet sich nun auch das Motiv der Empfängnis durch das Ohr in der abendländischen Kunst.

Nicht immer bewegt sich das Jesuskind auf dem Strahlenbündel zu Marias Ohr hinab. Häufig schwebt eine Taube zur Gottesmutter nieder. Die Taube war bereits in der Antike Symbol des Seelenvogels. Die christliche Ikonographie hat dieses Symbol übernommen, weil die Taube bei der Taufe Christi als Geist Gottes herniederschwebte, wie der Evangelist Lukas (3.22) berichtet.

Ab dem 14. Jahrhundert sind die Künstler in ihrer Art, die geistgewirkte Empfängnis über das Ohr zu versinnbildlichen, deutlicher geworden. In ihren Darstellungen hat das Wort der göttlichen Botschaft, die Gabriel überbringt, Gestalt angenommen, so wie es im Evangelium des Johannes heißt: „Und das Wort ist Fleisch geworden." So zeigt das Verkündigungsportal der Oppenheimer Katharinenkirche, die um 1234 erbaut worden ist, wie Gottvater das Jesukind mit dem Kreuze und den Heiligen Geist über ein Rohr zum Ohr der Maria sendet.

Im ausklingenden Mittelalter scheint das Bild des zum Ohr der Maria herabschwebenden Christusknaben endgültig in der Kunst heimisch geworden zu sein. Der Freiburger Kunsthistoriker Ernst Guldan hat mehr als 250 Verkündigungsbilder gefunden.

Eine der schönsten und am besten erhaltenen Darstellungen der „conceptio per aurem" zeigt der Passions-

Seitentafel des Passionsaltars der Zisterzienserinnen-Kirche „Marienthal zu Netze" (1370)

altar der ehemaligen Zisterzienserinnen-Kirche „Marienthal zu Netze". Auf einer Seitentafel dieses Altars schweben im Strahlenbündel von Gottvaters Mund das Jesuskind mit dem Kreuz als Zeichen der Passion und der Heilige Geist zum rechten Ohr der Maria. Zwischen dem Engel und Maria steht der Jessebaum. Er symbolisiert die biblische Prophezeiung über die Herkunft Christi: „Es wird ein Reis aufgehen aus dem Stamme Isais und ein Zweig aus seiner Wurzel Frucht bringen, auf welchem wird ruhen der Geist des Herrn" (Jesaja 11.1). Diese „Wurzel Jesse" ist hier dargestellt als im Gras hockende nackte Gestalt. Der aus dieser Figur sprießende Baum trägt elf weiße Lilien und Rosen, die die elf Stämme Israels symbolisieren. In seiner Krone, inmitten der Blüten, zeigt sich die Gestalt König Davids mit der Harfe als Stammvater Jesu.

Der wohl eindrucksvollsten Darstellung der Empfängnis durch das Ohr aus dem skulpturalen Bereich begegnet man, wenn man vor dem Nordportal der Marienkapelle in Würzburg steht. In Stein gehauen thront hier seit Anfang des 15. Jahrhunderts Gottvater in der Mandorla, wie der Heiligenschein, der die ganze Figur umgibt, wegen seiner Form einer Mandel genannt wird. In seinem Mund hält Gottvater einen Schlauch, der einem weiblichen Eileiter ähnelt und der seine Worte beziehungsweise seinen Atem (Pneuma) zum Ohr der Maria leitet. Eine Taube am Ohr der Gottesmutter nimmt die Beschattung vor, während das Kind auf dem Schlauch zum Ohr der Jungfrau herabgleitet.

Wenn sich also der Mythos der Empfängnis durch das Ohr vom frühen bis zum hohen Mittelalter durch die Kunst zieht, so ist der Mythos einer Geburt durch das Ohr naheliegend. Denn analog zum natürlichen Zeugungs- und Geburtsvorgang kann es, wenn es schon einen Weg der Empfängnis durch das Ohr gibt, auch einen Geburtsweg durch das Ohr geben. Ein Weg, der eben nur für Geister oder für die Seele gangbar ist, deren Unbegreiflichkeit auch keinen normalen Geburtsvorgang erlaubt.

Bereits aus der griechischen Mythologie ist die Geburt durch das Ohr bekannt, etwa in der Sage um Minerva/Athene, die aus Jupiters Gehirn durch das Ohr oder die Stirn geboren worden sein soll, ferner die Sage vom Wiesel, dem im Zusammenhang mit der Geburt des Herakles eine Empfängnis durch das Maul und ein Gebären durch das Ohr zugesprochen wird.

Nordportal der Marien-Kapelle in Würzburg (Anfang des 15. Jahrhunderts)

Zur Darstellung der Seele bevorzugte man in der griechischen Antike, neben der Biene, dem Schmetterling oder der Sirene, vor allem zwei Typen: den Vogel und das Eidolon. In der Odyssee (XI, 222) ist zum Beispiel vom Eidolon als verkleinertem Abbild des Menschen die Rede, das nach dem Tod zum Hades entweicht und dort sein schattenhaftes Dasein führt.

Zwar hat die mittelalterliche Kunst beide Arten der Seelendarstellung aus vorchristlicher Zeit übernommen. Letztlich aber wurde dem Eidolon der Vorzug gegeben. Es wurde allerdings im Unterschied zur Antike nicht mehr mit Flügeln dargestellt, sondern häufig im Betgestus mit gefalteten Händen. Und es entweicht, wie es heißt, „meist aus dem Munde des Sterbenden" und wird vom Engel oder Teufel abgeschleppt.

Der Mund ist aber nicht die einzige Leibesöffnung, durch die die Seele den Menschen in der Mythologie verläßt. In der Kunst des Mittelalters finden sich zahlreiche Darstellungen, die den Geburtsweg der Seele durch das Ohr dokumentieren.

Das wohl eindrucksvollste skulpturale Beispiel einer Geburt durch das Ohr finden wir in der Elisabethkirche

Sarkophag Heinrichs I. in der Elisabeth-Kirche zu Marburg (Anfang des 14. Jahrhunderts)

zu Marburg, auf dem Sarkophag des hessischen Land-
grafen und Reichsfürsten Heinrich I., des Enkels der
Heiligen Elisabeth.

Die Steinfigur aus dem Jahre 1320 zeigt den Reichsfürsten auf dem Sterbebett liegend. An seinem rechten
Ohr macht sich ein Engel zu schaffen, der geradezu
geburtshelferisch das Eidolon des sterbenden Fürsten
aus dem Ohr entwickelt. Auf anderen Sarkophagen des
Mittelalters warten Engel mit ausgebreiteten Armen auf
das Ausfahren der Seele aus dem Ohr.

Die Malerei der Gotik im 15. Jahrhundert bietet eine
Fülle von Beispielen für die Ohrgeburt. Fast könnte man
meinen, der mittelalterliche Mensch habe geahnt, daß
das Ohr im Sterben das noch letzte funktionierende Sinnesorgan ist und daß uns die Evolution die höchste und
dichteste Konzentration von Nervenendungen in der
Cochlea des Innenohres gegeben hat, so daß er deshalb
die Seele aus dem Ohr ausfahren ließ.

Ganz deutlich ist das Entweichen der Seele durch das
Ohr auf dem Barfüßer Altar zu sehen, der um 1420
in Göttingen entstanden ist (jetzt Landesmuseum
Hannover). Allein schon wegen seiner ungewöhnlich
großen Maße ist der Altar einer der eindrucksvollsten
dieser Zeit. Er zeigt in seiner Kreuzigungsszene, wie es
für die Seele des bösen Schächters „obenaus" geht. Der
Teufel zieht sie, in Gestalt eines Eidolons, hinaus. Und
dieses ist so schmal und mager, als sei es bei seinem
„Geburtsweg" durch den Gehörgang erst in Form
gebracht worden.

Der in Paris lebende Sprach- und Gehörforscher
Alfred A. Tomatis hält das Ohr für das wichtigste „Organ
der Menschwerdung", das Hören für den am frühesten
entfalteten menschlichen Sinn.

Anfang und Ende des menschlichen Lebens werden
entscheidend durch das Ohr beeinflußt, und alle großen
Weltreligionen beschwören immer wieder die Bedeutung des Hörens.

Goethe läßt seinen Faust, der sich mit der Übersetzung der Heiligen Schrift so sehr quält, bekanntlich

zitieren: „Geschrieben steht: Im Anfang war das Wort!
Hier stock ich schon! Wer hilft mir weiter fort? ... Im
Anfang war der Sinn ... die Kraft ... Auf einmal seh ich
Rat und schreib getrost: ‚Im Anfang war die Tat'“.

Restlos überzeugt ist Faust von dieser Lösung nicht.
Vielleicht hätte eine Ahnung von der Bedeutsamkeit des
Ohres auch bei ihm den letzten Zweifel vertrieben, und
er hätte schlicht gesagt: „Im Anfang war das Ohr.“

*Kreuzigungstafel des Barfüßer-Altars, entstanden um
1420 in Göttingen (Landesmuseum Hannover)*

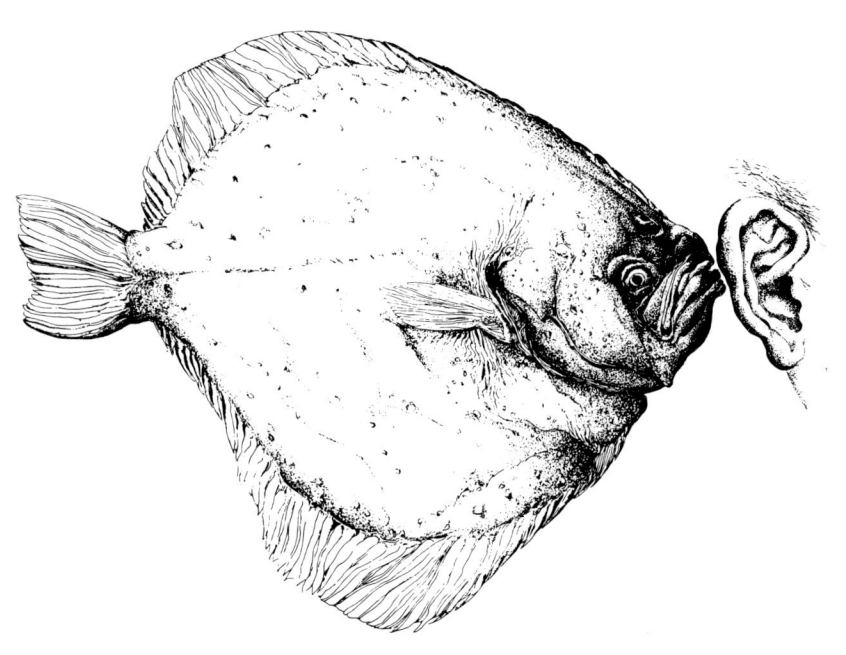

Hören — ein Gedicht

Da hört er ein Klingen,
Wie Flöten so süß,
Wie stimmen der Engel
Im Paradies.

Friedrich Schiller

So heimisch alles klingt
als wie im Vaterhaus,
und über die Lerchen schwingt
die Seele sich hinaus.

Theodor Fontane

Ich höre des gärenden Schlammes
geheimnisvollen Ton,
einsames Vogelrufen —
so war es immer schon.

Theodor Storm

Aber horch: auf einmal klingt ein Lied!
Kinderstimmen singen durch die Nacht!
Und wir wissen es: das Leben wacht!
Und wir fühlen es: das Leben blüht!

Hermann Claudius

Worauf kommt es überall an,
Daß der Mensch gesundet?
Jeder höret gern den Schall an,
Der zum Ton sich rundet.

Johann Wolfgang von Goethe

Musik dem Ohr, was hörst du Musik traurig?
Süß kämpft mit Süß nicht, Lust ist froh mit Lust.

William Shakespeare

Leise lauschen wir zusammen:
meine Mutter träumt mich wieder,
und sie trifft, wie alte Lieder,
meines Wesens Dur und Moll.

Ingeborg Bachmann

Hat nicht einer gefragt, wie es sei,
Wie die Stadt klingt im Geheimen.
Ach, eine Fülle von Reimen
Beschriebe das nicht. Es bedarf
Ohren zu hören.

Marie-Luise Kaschnitz

Da noch der freche Tag verstummt,
hört man der Erdenkräfte flüsterndes Gedränge,
das aufwärts in die zärtlichen Gesänge
der reingestimmten Lüfte summt.

Eduard Mörike

Welche Töne!
Wie verführen sie mein Ohr!

Friedrich Schiller

Weiter ging's durch Feld und Hag
mit verhängtem Zügel;
lang mir noch im Ohre lag
jener Klang vom Hügel.

Nikolaus Lenau

Hörst du nicht die Quellen gehen
Zwischen Stein und Blumen weit
Nach den stillen Waldesseen,
Wo die Marmorbilder stehen
In der schönen Einsamkeit?

Joseph von Eichendorff

Hör, es klagt die Flöte wieder,
Und die kühlen Brunnen rauschen,
Golden wehn die Töne wieder —
Stille, stille, laß uns lauschen!

Clemens Brentano

Leise schon hör ich dich spinnen
heimliches Orgelgetön.
Lautlos geht eine Türe.
Alles wird ungewohnt.
Wenn ich die Stirn dir berühre,
fühl ich auf einmal den Mond.

Hans Carossa

Hört das sanfte Lied, das bloß
klagt, damit es euch gefällt;
es ist leis und leicht, und wellt
hin wie Wasser übers Moos.

Paul Verlaine

Und aus der Nächsten Mitte hört ich steigen
So süß Hosianna, daß seit ichs vernommen
Der Wunsch, es neu zu hören, nicht will schweigen.

Dante Alighieri

Sie wissen es selbst nicht, warum sie lauschen.
Die Brust wird ihnen plötzlich so weit.
Sie lassen sich durch die Seele rauschen
Das alte Lied ihrer Jugendzeit.

Joachim Ringelnatz

Und zwischendurch hör ich vernehmbar
lockende Harfenlaute,
sehnsuchtswilden Gesang,
seelenzerreißend,
und ich erkenne die Stimme.

Heinrich Heine

Hörst du, Geliebte, ich hebe die Hände —
hörst du: es rauscht ...
Welche Gebärde der Einsamen fände
sich nicht von vielen Dingen belauscht?

Rainer Maria Rilke

Ich habe auch Muscheln; in mancher steckt
ein Ohr, das hört und rauscht.

Else Lasker-Schüler

Ein Ständchen in der Frühlingsnacht
ist leicht gebracht.
Nur ist es fraglich, ob's gelingt,
Daß es zu Röschens Herzen dringt.

Wilhelm Busch

Was hör' ich draußen vor dem Tor,
Was auf der Brücke schallen?
Laß den Gesang vor unserm Ohr
im Saale widerhallen!

Johann Wolfgang von Goethe

Melde mir die Nachtgeräusche, Muse,
Die ans Ohr des Schlummerlosen fluten!
Erst das traute Wachtgebell der Hunde,
Dann der abgezählte Schlag der Stunde,
Dann ein Fischer-Zwiegespräch am Ufer …

Conrad Ferdinand Meyer

Das macht, es hat die Nachtigall
die ganze Nacht gesungen;
da sind in ihrem süßen Schall,
da sind in Hall und Widerhall
die Rosen aufgesprungen.

Theodor Storm

Die Nachtigallen schlagen,
Der Garten rauschet sacht,
Es will dir Wunder sagen
Die wunderbare Nacht!

Joseph von Eichendorff

Doch ach! Kaum hat er Platz genommen,
Da hört man draußen schon was kommen.
Mit Husten und mit Sporenklang
Klirrt der Gemahl den Flur entlang.

Wilhelm Busch

Und rund um mich erwachet
Der Nachtigallen Chor
Und jede Aue lachet
Und jeder Hirt ist Ohr.

Novalis

Wie silbersüß tönt bei der Nacht die Stimme
Der Liebenden, gleich lieblicher Musik
Dem Ohr des Lauschers!

William Shakespeare

Erstarrt verharrt' sie — denn die Luft durchdrang
nun einer Stimme feierlicher Klang —
ein Laut der Stille hielt das Ohr gebannt,
den Dichter-Träumer »Sphär'nmusik« genannt.

Edgar Allan Poe

Was hier auch säuseln mag in sanften Tönen,
Daß sich die Seele süß gefesselt schaute:
Es wär ein wolkensprengend Donnerdröhnen,
Verglichen mit der Leier süßem Laute.
Dem schönen Saphir eine Krone webend,
Daß blauer noch der Saphirhimmel blaute.

Dante Alighieri

Nacht,
winzig kleine Geräusche
von Holz und Wald,
von zerkleinerter Nacht,
von Schattensplittern,
von Wasser, das fällt und fällt …

Pablo Neruda

Glaub sie zu hören, wenn die Zweige rauschen,
im Laub die Vögel klagen und die Quelle
durch grüne Wiesen murmelnd vor mir flieht.
Ich möcht der Einsamkeiten Schweigen lauschen,
Im Waldesdunkel, fern der Tageshelle —
wenn es mir meine Sonne nicht entzieht.

Francesco Petrarca

In den Lüften schwellendes Gedröhne,
Leicht wie Halme beugt der Wind die Töne:
Leis verhallen, die zum ersten riefen,
Neu Geläute hebt sich aus den Tiefen.
Große Heere, nicht ein einzler Rufer!
Wohllaut flutet ohne Strand und Ufer.

Conrad Ferdinand Meyer

Aber den ganzen Sommer durch höre ich
Da die Gegend vogellos ist
Nur Laute von Menschen rührend.
Ich bin's zufrieden.

Bertolt Brecht

Und du, o Lied, voll unnennbarer Wonnen,
Das das Gefühl so wunderbar erhebt,
Das, einer Himmelsurne wie entronnen,
Zu den entzückten Ohren niederschwebt,
Bei dessen Klang, empor in Reich der Sonnen,
Von allen Banden frei, die Seele strebt.

Heinrich von Kleist

Ich muß nun wieder
meine dunklen Gärten begehn,
ich höre schon Schwanenlieder
vom Schilf der nächtigen Seen.

Gottfried Benn

Am Waldessaume träumt die Föhre,
Am Himmel weiße Wölkchen nur,
Es ist so still, daß ich sie höre,
die tiefe Stille der Natur.

Theodor Fontane

Kaum erwacht, hört' ich dein Rufen,
stürmte zu den Felsenstufen,
hin zur gelben Wand am Meer.

Friedrich Nietzsche

46

Was aus Schmerzen kam,
war Vorübergang.
Und mein Ohr vernahm
nichts als Lobgesang.

Werner Bergengruen

Wie bitter und süß kann man winters zur Nacht
Vor rauchenden Feuerbrands loderndem Rauschen
Beim Turmglockenspiel, das im Nebel erwacht,
Der fernen Erinnerung Tritte belauschen.

Charles Baudelaire

Doch was für mich ich ersehne,
das ratest du alsobald:
Mein Ohr vernehm deine Töne,
solange noch etwas erschallt.

Friederike Kempner

Nur durch die Form, den Rhythmus
Können das Wort und der Klang
Die Stille erreichen, wie eine chinesische Vase
Sich im Stillen ständig bewegt.

T. S. Eliot

Hören ist Sein
Joachim-Ernst Berendt

Wir alle sehen zuviel und hören zuwenig. Das Gleichgewicht unserer Weltwahrnehmung ist aus den Fugen geraten. Warum ist das so? Viele Menschen meinen: Weil uns vor lauter Lärm das Hören vergangen ist. Das Wort „Lärm" haben die Landsknechte des Mittelalters aus Italien mitgebracht. Es kommt von *„all' arme"*, und das bedeutet: „Zu den Waffen!".

Wann beginnen wir zu erkennen, was Hören für uns alle bedeutet? Für unser Leben und Überleben.

Wir alle — jeder von uns, als Embryo im Leib unserer Mutter — sind noch keinen Zentimeter groß, wenige Tage nach der Befruchtung der weiblichen Eizelle, da sind an dem kleinen Wesen, das da zu wachsen beginnt, bereits Ansätze zu mikroskopisch kleinen Ohren nachweisbar. Und dann — so haben Wissenschafter entdeckt — entwickeln sich diese Ohren schneller als alle anderen Organe. Schon nach viereinhalb Monaten ist das innere Hörorgan, die Cochlea, vollständig ausgebildet!

Das Phänomenale ist: Die Cochlea hat dann bereits ihre endgültige Größe erreicht. Alles an uns wächst, bis wir 17 oder 18 sind. Nur die Cochlea ist tipp-topp-fertig in der „Halbzeit" der Schwangerschaft.

Da ist also ein Wesen, das hören will. In allen Lebensfunktionen — Atmung, Blutkreislauf, Ernährung, Stoffwechsel — ist es von der Mutter abhängig. Nur eines will es selbst: Hören!

Und nun gehen wir ans andere Ende unseres Lebens. Die moderne Sterbeforschung hat gezeigt: Wenn wir sterben, wenn alle unsere Sinne verlöschen, wenn wir vor Schmerzen schon nichts mehr fühlen können, wenn wir schon lange die Augen geschlossen halten, nichts mehr schmecken und riechen können, dann ist der Sinn, der bei den meisten Menschen als letzter verlöscht, der Hörsinn.

Wenn wir aufhören zu hören, hören wir auf. Das will uns die Sprache mit diesem Wort „aufhören" sagen, nur deshalb macht es Sinn. (Daß „aufhören" außerdem auch noch „aufmerken" bedeuten kann, verstärkt den Befund.) Keiner unserer Sinne also deckt die Strecke, auf der wir in diesem Leben verweilen, so vollständig ab wie der Hörsinn. Deshalb die Gleichung: Hören = Sein. Ich höre, also bin ich.

Keiner unserer Sinne hat so sehr mit Leben und Lebensfülle zu tun wie unser Ohr. Die alte Biologie hat noch gelehrt, wir hätten die dichteste Konzentration von Nervenenden in unseren Geschlechtsorganen. Heute wissen wir: In unserem Innenohr enden dreimal soviel Nervenbahnen wie in unserem Geschlecht. Wieviel Lust also lassen wir uns entgehen — wieviel Hörlust und Lebenslust —, wenn wir unser Hörorgan so vernachlässigen, so quälen und so mißachten, wie das in unserer Zivilisation üblich geworden ist!

Auch das enthüllt wieder die Sprache. Es kann kein Zufall sein, daß sie Hören und Lust miteinander verbindet. Das englische Verb *„to listen"*, auch der schweizerdeutsche Dialektausdruck *„lossen"* (= hören) — zur Zeit des Mittelhochdeutschen im ganzen deutschen Sprachraum gebräuchlich — gehen auf die gleiche Wurzel wie das Wort „Lust" zurück.

Wir vergöttern unser Auge und mißachten unser Ohr. Welch ein Mißverständnis! In den meisten Kulturen der Menschheit ist es umgekehrt: Da steht das Ohr an erster Stelle, dann folgt das Fühlen, dann erst kommt das Sehen.

So ist in der indischen Überlieferung der Sehsinn in einem der niederen „Chakren" (= Energiezentren) — und zwar im gleichen Chakra wie unser Ego und unsere Aggressivität — zentriert, der Hörsinn in einem höheren Chakra. Ähnlich sieht es die jüdische Kabbala: „Das Ego nährt sich von Bildern." Auch der chinesische Taoismus

49

„Das Gehör".
Gemälde von Jan Brueghel dem Älteren (1568 – 1625)

wertet das Ohr höher als das Auge. In Indonesien gibt es das Sprichwort: „Das Auge ist der Spiegel, aber das Ohr ist das Tor zur Seele."

Unser wichtigstes Kommunikationsmittel ist Sprache, und die nehmen wir durch die Ohren auf. Von allen unseren Sinnen vermittelt das Ohr die präzisesten Informationen. Die Physiologie lehrt: „Das Auge schätzt, das Ohr mißt." Keiner unserer Sinne ist so täuschungsanfällig wie das Auge. Deshalb gibt es auch den Begriff „optische Täuschung". Akustische Täuschungen gibt es zwar auch, aber sie sind so selten, daß sich ein entsprechender Begriff nicht durchsetzen konnte.

Was ist falsch gelaufen in der westlichen Welt, daß die Wertung der Sinne so durcheinandergeraten ist? Und daß uns das Sinnliche der Welt fremd geworden ist – so fremd, daß wir das Bild, das uns aus dem Fernseher entgegenflimmert, für Wirklichkeit halten können? Und ständig Bild und Wirklichkeit miteinander verwechseln?

Das Fernsehen vermittelt zwar auch Hörinformationen, aber sie werden – so haben amerikanische Verhaltensforscher festgestellt – von der Mehrzahl der Fernseh-Zuschauer nur dann abgerufen, wenn das Bild sonst nicht verständlich ist.

Wir verlassen uns also auf einen besonders täuschungsanfälligen Sinn, obwohl wir einen viel präziseren Sinn besitzen. Müssen wir uns dann noch wundern, wenn wir ständig zu falschen Ergebnissen kommen?

Der Zukunftsforscher Robert Jungk sagt, daß alle die vielen modernen Krisen – politische und soziale, ökonomische und ökologische, gesundheitliche und psychische – in einer einzigen zusammenfallen: in der Krise der Weltwahrnehmung.

Fragen wir uns aber, wie wir die Welt wahrnehmen, so lautet die Antwort: vorrangig durch die Augen.

Also: Wir programmieren uns falsch. Schalten wir unser Ohr deshalb durch Lärm aus, damit uns dies nicht bewußt wird?

Hören heißt nicht nur Verkehrslärm und Sprache und Musik hören. Hören heißt: Stille hören. Wir können noch Schwingungen von der Größe eines Wasserstoff-atoms hören, viel, viel kleinere als wir sehen können: Schwingungen, die nur in der äußersten Stille und im Schweigen wahrnehmbar sind.

Die Evolution hat unsere Sinne in dem Maße ausgeprägt, wie es für unser Überleben auf diesem Planeten notwendig ist. Die meisten modernen Menschen werden der Ansicht sein, daß das Hören von Stille mit Überleben nichts zu tun hat. Die Evolution ist offenbar anderer Ansicht. Wenn sie unseren Hörsinn zum empfindlichsten unserer Sinne gemacht hat, dann will sie uns damit offenbar sagen: Gebrauche das volle Potential dieses Sinnes!

Unser Hör-Potential umfaßt einen Bereich zwischen 10 hoch minus 11 und 11 hoch 6, einen millionenfachen Wert. Würden wir unserem Auge eine solche Dynamik zumuten, wir würden sofort geblendet erblinden.

Wir neigen dazu, unser Ohr mit den höchsten Werten des ihm zugänglichen Dynamik-Bereiches zu strapazieren. Im Straßenverkehr – in Discos – auf Flugplätzen – bei Tifflieger-„Angriffen" – in Fabrikhallen … Offenbar will aber die Evolution, daß wir auch in die niedrigsten Werte der Hör-Dynamik hineinlauschen.

Wenn die Überzeugung der Evolutionsforschung, daß unsere Sinne für unser Überleben ausgelegt wurden, richtig ist – und es besteht kein Grund daran zu zweifeln –, dann muß die Evolution es ganz offenbar für lebensnotwendig halten, daß wir nicht nur große Lautstärken hören, sondern immer wieder neu in die Stille und in das Schweigen hineinlauschen. Auch dann, wenn uns als lärm-verliebten modernen Menschen dies nicht sofort „einsichtig" ist.

Das ist es, was unser Hörsinn eigentlich will, nur deshalb ist er so empfindlich: Hör' auf die Stille. Suche sie Dir. Es gibt sie noch. Höre tief hinein in das Schweigen! Bestehe darauf. Erst dann wirst Du erfahren, warum Hören so viel mit Leben zu tun hat. Und mit Lebensfülle. Und Lust.

Ich höre. Also bin ich.

Zuhören
Roland Barthes

Hören ist ein physiologisches Phänomen; *zuhören* ein psychologischer Akt. Die physikalischen Voraussetzungen des Hörens (seine Mechanismen) lassen sich mit Hilfe der Akustik und der Hörphysiologie beschreiben; das Zuhören jedoch läßt sich nur durch sein Objekt, oder, wenn man das vorzieht, durch seine Ausrichtung definieren. Doch innerhalb der gesamten Reihe der Lebewesen (der *scala viventium* der alten Naturforscher) und innerhalb der Menschheitsgeschichte variiert das Objekt des Zuhörens, ganz allgemein betrachtet, oder hat variiert. Davon ausgehend werden wir, extrem vereinfachend, drei Typen des Zuhörens vorschlagen.

Beim ersten Zuhören richtet das Lebewesen sein Hören (die Betätigung seiner physiologischen Hörfähigkeit) auf *Indizien;* nichts unterscheidet auf dieser Ebene das Tier vom Menschen: Der Wolf horcht auf das (mögliche) Geräusch des Wildes, der Hase auf das (mögliche) Geräusch eines Feindes, das Kind, der Verliebte horchen auf die näherkommenden Schritte, die vielleicht die der Mutter oder des geliebten Wesens sind. Dieses erste Zuhören ist sozusagen ein *Alarm.* Das zweite ist ein *Entziffern;* was man mit dem Ohr zu erfassen sucht, sind *Zeichen;* hier beginnt vermutlich das Menschliche: Ich höre zu, wie ich lese, das heißt nach bestimmten Codes. Das dritte Zuhören ist schließlich ein sehr moderner Ansatz (was nicht heißt, daß es die anderen zwei ersetzt) und zielt nicht − oder wartet nicht − auf bestimmte, klassifizierbare Zeichen: nicht darauf, was gesagt oder gesendet wird, sondern wer spricht oder sendet: Es soll sich in einem intersubjektiven Raum entfalten, in dem „ich höre zu" auch heißt „höre mir zu";

was es erfaßt, um es zu verwandeln und endlos in das Spiel der Übertragung einzubringen, ist eine allgemeine „Signifikanz", die ohne die Bestimmung des Unbewußten nicht mehr denkbar ist.

1

Es gibt kein Sinnesorgan, das der Mensch nicht mit dem Tier gemeinsam hat. Allerdings liegt auf der Hand, daß die phylogenetische Entwicklung und, innerhalb der Menschheitsgeschichte, die technische Entwicklung die Hierarchie der fünf Sinne modifiziert hat (und weiterhin modifizieren wird). Die Anthropologen vermerken, daß das Ernährungsverhalten des Lebewesens mit dem Tastsinn, dem Schmecken und Riechen verbunden ist und die affektiven Verhaltensweisen mit dem Tastsinn, dem Riechen und dem Sehen; das Gehör hingegen scheint im wesentlichen mit der Einschätzung der räumlich-zeitlichen Situation verbunden zu sein (beim Menschen kommt das Sehen hinzu, beim Tier das Riechen). Das Zuhören, das auf dem Hören aufbaut, ist durch das Erfassen von Entfernungsgraden und die regelmäßige Rückkehr der Schallerregung vom anthropologischen Standpunkt aus der eigentliche Sinn für Raum und Zeit. Beim Säugetier wird das Territorium durch Gerüche und Laute abgesteckt; beim Menschen ist — was oft unterschätzt wird — die Aneignung des Raums ebenfalls schallbedingt: Der häusliche Raum, der Wohnraum (ungefähres Gegenstück zum tierischen Territorium) ist ein Raum vertrauter, *wiedererkannter* Geräusche, die zusammen eine Art häusliche Symphonie bilden: das unterschiedliche Schlagen der Türen, Stimmfetzen, Geräusch aus der Küche, aus Rohren, Lärm von draußen: Kafka hat genauestens (ist die Literatur nicht ein unvergleichlicher Vorrat an Wissen?) diese vertraute Symphonie auf einer Seite seines Tagebuchs beschrieben: „Ich sitze in meinem Zimmer, das heißt im Lärmhauptquartier der ganzen Wohnung; ich höre alle Türen

56

schlagen usw."; und man weiß von der Angst des Kindes im Krankenhaus, wo es die vertrauten Geräusche der mütterlichen Geborgenheit nicht mehr hört. Von diesem Hörhintergrund hebt sich das Zuhören als Ausübung einer *Intelligenz-,* das heißt einer Selektionsfunktion ab. Wenn der Hörhintergrund den gesamten Schallraum überschwemmt (wenn der umgebende Lärm zu laut ist), ist die Selektion, die Einschätzung des Raums nicht mehr möglich, wird das Zuhören beeinträchtigt; das ökologische Phänomen, das man heute als Verschmutzung bezeichnet – und das im Begriff steht, zu einem schwarzen Mythos unserer technizistischen Gesellschaft zu werden – ist nichts anderes als die unerträgliche Verunstaltung des Raums, insofern der Mensch von ihm verlangt, sich darin *wiederzuerkennen:* Die Verschmutzung verletzt die Sinne, mit denen das Lebewesen, vom Tier bis zum Menschen, seinen Lebensraum wiedererkennt: Gesichtssinn, Geruch, Gehör. Es gibt hinsichtlich dessen, was uns hier beschäftigt, eine akustische Verschmutzung, bei der vom Hippie bis zum Pensionär jeder (vermittels naturalistischer Mythen) deutlich spürt, daß sie einen Anschlag auf die Intelligenz des Lebewesens schlechthin darstellt, die *stricto sensu* seine Fähigkeit zu einer guten Kommunikation mit seiner *Umwelt* ist: Die Verschmutzung verhindert das Hinhören.

Am besten erfaßt man die Funktion des Zuhörens durch den Begriff des Territoriums (oder des angeeigneten, vertrauten, ausgestatteten – häuslichen – Raums), insofern sich das Territorium hauptsächlich als Raum der Sicherheit definieren läßt (und als solcher der Verteidigung unterliegt): Das Horchen ist jene vorausgehende Aufmerksamkeit, durch die sich alles erfassen läßt, was das territoriale System stören kann; es ist eine Weise, sich gegen Überraschungen zu schützen; sein Objekt (worauf es sich richtet) ist die Bedrohung oder, umgekehrt, das Bedürfnis; das Material des Horchens ist das Indiz, das entweder die Gefahr offenbart oder die Befriedigung des Bedürfnisses verheißt. Von dieser doppelten, Schutz- und Beutefunktion verbleiben Spuren im zivilisierten Zuhören: Wieviele Gruselfilme setzen das Horchen auf das Fremde ein, das panische Warten auf das unregelmäßige Geräusch, das den akustischen Komfort, die Sicherheit des Hauses stören wird: In diesem Stadium ist der wesentliche Partner des Lauschens das Ungewöhnliche, das heißt die Gefahr oder das unverhoffte Glück; umgekehrt wird das Horchen, falls es auf die Besänftigung eines Phantasmas abzielt, sehr rasch halluzinogen: Ich glaube tatsächlich zu hören, was ich als Glücksverheißung gerne hören würde.

Morphologisch, das heißt unmittelbar von der Gattung her, scheint das Ohr dazu geschaffen zu sein, das vorüberziehende Indiz wahrzunehmen: Es ist unbeweglich, starr, gespitzt wie bei einem lauschenden Tier; als von außen nach innen gerichteter Trichter empfängt es möglichst viele Eindrücke und leitet sie an ein Überwachungs-, Selektions- und Entscheidungszentrum weiter; die Falten, die Windungen seiner Muschel scheinen die Kontakte zwischen Individuum und Welt zu vervielfachen und diese Vielfalt durch eine Siebstrecke reduzieren zu wollen; denn das vormals Verworrene und Undifferenzierte muß — darin besteht die Rolle dieses ersten Hinhörens — unterschieden und erkennbar werden, damit die gesamte Natur die besondere Gestalt einer Gefahr oder einer Beute annimmt: Diese Verwandlung wird durch das Hinhören vorgenommen.

2

Lange vor der Erfindung der Schrift, ja lange bevor die gegenständliche Felsmalerei praktiziert wurde, ist etwas entstanden, das den Menschen vielleicht grundlegend vom Tier unterscheidet: die absichtliche Reproduktion eines Rhythmus: Man findet auf manchen Wänden der Moustérien-Zeit rhythmische Einritzungen — wodurch der Gedanke nahegelegt wird, daß diese ersten Rhythmusdarstellungen mit dem Auftauchen der ersten menschlichen Behausungen zusammenfallen. Natürlich weiß man nichts, es sei denn Mythisches, über die Entstehung des Schallrhythmus; es wäre jedoch logisch zu denken (weisen wir den Ursprungswahn nicht zurück), daß das Rhythmisieren (von Einritzungen oder Schlägen) und der Bau von Häusern zeitgleiche Tätigkeiten sind: Das operatorische Charakteristikum der Menschheit ist gerade das dauernd wiederholte rhythmische Schlagen, wovon die Hacken aus Steinsplittern und die vielflächigen gehämmerten Kugeln zeugen: Durch den Rhythmus tritt das voranthropische Geschöpf in die Menschheit der Australanthropen ein.

Durch den Rhythmus ist das Hinhören auch keine bloße Überwachung mehr, sondern wird zur Schöpfung. Ohne Rhythmus ist keine Sprache möglich: Das Zeichen beruht auf einer Hin- und Herbewegung zwischen dem *Merkmaltragenden* und dem *Merkmallosen,* die man Paradigma nennt. Die beste Geschichte, die von der Geburt der Sprache berichtet, ist die des Freudschen Kindes, das die Ab- und Anwesenheit der Mutter in Gestalt eines Spiels mimt, bei dem es eine Spule, die an einer Schnur befestigt ist, wirft und wieder aufliest: Es erfindet damit das erste symbolische Spiel, aber auch den Rhythmus. Stellen wir uns dieses Kind vor, wie es auf die Geräusche hört, die ihm die ersehnte Rückkehr der Mutter ankündigen: Es befindet sich dabei im ersten Hinhören, dem auf die Indizien; wenn es jedoch nicht mehr direkt das Auftauchen des Indizes überwacht und sich anschickt, ihre regelmäßige Rückkehr nachzuahmen, so läßt es das erwartete Indiz zu einem Zeichen werden: Es geht zum zweiten Hinhören über, zu dem auf den Sinn: Es horcht nun nicht mehr auf das *Mögliche* (die Beute, die Bedrohung oder das Objekt des Begehrens, das unvermittelt eintrifft), sondern auf das *Geheimnis:* was, in der Wirklichkeit vergraben, nur über einen Code in das menschliche Bewußtsein dringen kann, der zugleich zur Chiffrierung und zur Dechiffrierung dieser Wirklichkeit dient.

Das Zuhören ist somit (unter tausend verschiedenen, indirekten Formen) mit einer Hermeneutik verbunden:

59

Zuhören heißt die Stellung einnehmen, in der das Dunkle, Verschwommene oder Stumme dekodiert wird, um das „Dahinter" des Sinns (was als verborgen erlebt, postuliert oder anvisiert wird) im Bewußtsein erscheinen zu lassen. Die Kommunikation, die durch dieses zweite Hinhören bedingt wird, ist religiös: Sie *verbindet* das hörende Subjekt mit der verborgenen Welt der Götter, die bekanntlich eine Sprache sprechen, die nur in einigen rätselhaften Fetzen zu den Menschen dringt, für die jedoch, eine grausame Situation, das Verstehen dieser Sprache lebenswichtig ist. *Zuhören* ist das evangelische Wort par excellence: Der Glaube läuft auf ein Hinhören auf das Wort Gottes hinaus, denn durch dieses Hinhören ist der Mensch mit Gott verbunden: Die Reformation (durch Luther) erfolgte zu einem großen Teil unter Berufung auf das Zuhören: Der protestantische Tempel ist ausschließlich ein Ort des Zuhörens, und die Gegenreformation stellte im Gegenzug, um nicht zu den Zurückgebliebenen zu gehören, die Kanzel des Redners in die Mitte der Kirche (in den jesuitischen Gebäuden) und machte den Gläubigen zum „Zuhörer" (eines Diskurses, der selbt wieder die alte Rhetorik als Kunst, die das Zuhören „erzwingt", wiedererweckte).

Dieses zweite Zuhören ist gleichzeitig ein religiöses und entzifferndes: Es zielt sowohl auf das Heilige als auch auf das Geheimnis (zuhören, um etwa die Geschichte, die Gesellschaft, den Körper wissenschaftlich zu entziffern, ist, unter weltlichen Bedingungen, *immer noch* eine religiöse Haltung). Was möchte nun das Zuhören entziffern? Im wesentlichen anscheinend zwei Dinge: die Zukunft (insofern sie den Göttern gehört) oder die Schuld (insofern sie dem Blick Gottes entspringt).

Durch ihre Geräusche vibriert die Natur vor Sinn: So zumindest lauschten ihr, laut Hegel, die alten Griechen. Das Gesäusel der Blätter der Eichen von Dodona kündete Weissagungen, und auch in anderen Kulturen (die unmittelbar in den Bereich der Ethnographie fallen) waren die Geräusche das direkte Material einer Mantik, der Kledonomantie: Zuhören heißt, auf instutitionelle Weise herausfinden zu wollen, was geschehen wird (die Aufzählung aller Spuren dieser archaischen Finalität in unserem säkularen Leben erübrigt sich).

Zuhören bedeutet jedoch auch sondieren. Sobald sich die Religion verinnerlicht, ist das durch das Zuhören Sondierte die Intimität, das Geheimnis des Herzens: die Schuld. Eine Geschichte und eine Phänomenologie der Innerlichkeit (die uns vielleicht fehlt) müßte hier an eine Geschichte und eine Phänomenologie des Zuhörens anschließen. Denn innerhalb einer Zivilisation der Schuld (unserer jüdisch-christlichen Zivilisation, die sich von den Zivilisationen der Schande unterscheidet) hat sich die Innerlichkeit ständig entfaltet. Die Urchristen lauschten noch äußeren Stimmen, denen der Dämonen und Engel; erst allmählich verinnerlichte sich das Objekt des Hinhörens so sehr, daß es zum bloßen Bewußtsein wurde. Jahrhunderte hindurch wurde dem Schuldigen, dessen Buße über das Eingestehen seiner Vergehen verlaufen mußte, eine öffentliche Beichte abverlangt: Das private Zuhören eines einfachen Priesters galt als mißbräuchlich und wurde von den Bischöfen scharf verurteilt. Die Ohrenbeichte von Mund zu Ohr in der Verschwiegenheit des Beichtstuhls existierte in der patristischen Zeit nicht; sie entstand (um das 7. Jahrhundert) aus den Auswüchsen der öffentlichen Beichte und dem Fortschreiten des individualistischen Bewußtseins: „bei öffentlicher Schuld öffentliche Beichte, bei privater Schuld private Beichte": Das abgegrenzte, abgeschottete und gleichsam heimliche Zuhören („von Selbst zu Selbst") stellte also einen „Fortschritt" (im modernen Sinn) dar, da es den Schutz des Individuums (sein Anrecht, ein Individuum zu sein) vor dem Zugriff der Gruppe gewährleistete; das private Anhören der Schuld hat sich somit (zumindest an seinem Beginn) an den Rändern der kirchlichen Institutionen entwickelt: Bei den Mönchen, sozusagen den Nachfolgern der Märtyrer, oder bei den Häretikern wie den Katharen, oder aber in kaum institutionalisierten

61

Religionen wie dem Buddhismus, wo das private Zuhören „von Bruder zu Bruder" regelmäßig praktiziert wird.

Das Zuhören, das sich aus der Geschichte der christlichen Religion herausgebildet hat, setzt zwei Subjekte in Beziehung; selbst wenn eine ganze Menge (eine politische Versammlung zum Beispiel) aufgefordert wird, sich in die Situation des Zuhörens zu versetzen („*Hört zu!*"), so nur, um die Mitteilung eines einzelnen zu empfangen, der die Einmaligkeit (die Emphase) dieser Mitteilung zu Gehör bringen will. Die Aufforderung zum Zuhören ist das vollständige Ansprechen eines Subjekts: Sie stellt den gleichsam körperlichen Kontakt zwischen diesen zwei Subjekten (durch die Stimme und das Ohr) über alles: Sie schafft die Übertragung: „*Hör mir zu*" heißt: *Berühre mich, wisse, daß ich existiere;* in der Terminologie Jakobsons ist „*hör mir zu*" ein phatisches Element, ein Operator für individuelle Kommunikation; das archetypische Instrument des modernen Zuhörens, das Telephon, versammelt zwei Partner in einer idealen (notfalls unerträglichen, weil derartig reinen) Intersubjektivität, weil dieses Instrument alle Sinne mit Ausnahme des Gehörs beseitigt: Die Anweisung zum Zuhören, die jede telephonische Kommunikation eröffnet, fordert den anderen auf, seinen ganzen Körper in der Stimme zusammenzuballen, und kündigt an, daß ich mich selbst völlig in meinem Ohr zusammenballe. Genauso wie das erste Hinhören das Geräusch in ein Indiz verwandelt, genauso verwandelt dieses zweite Zuhören den Menschen in ein duales Subjekt: Das Ansprechen führt zu einem Gespräch, indem das Schweigen des Zuhörers genauso aktiv sein wird wie das Sprechen des Sprechers: *Das Zuhören spricht,* könnte man sagen: In diesem (entweder historischen oder strukturellen) Stadium tritt das psychoanalytische Zuhören auf.

3

Das wie eine Sprache strukturierte Unbewußte ist Gegenstand eines zugleich besonderen und exemplarischen Zuhörens: desjenigen des Psychoanalytikers.

„Er soll", schreibt Freud, „dem gebenden Unbewußten des Kranken sein eigenes Unbewußtes als empfangendes Organ zuwenden, sich auf den Analysierten einstellen wie der Receiver des Telephons zum Teller eingestellt ist. Wie der Receiver die von Schallwellen angeregten elektrischen Schwankungen der Leitung wieder in Schallwellen verwandelt, so ist das Unbewußte des Arztes befähigt, aus den ihm mitgeteilten Abkömmlingen des Unbewußten dieses Unbewußte, welches die Einfälle des Kranken determiniert hat, wiederherzustellen." (Freud, *Schriften zur Behandlungstechnik*, Studienausgabe, Ergänzungsband, Frankfurt/Main 1975, S. 175-176). Denn das psychoanalytische Zuhören verläuft tatsächlich von Unbewußtem zu Unbewußtem, von einem sprechenden Unbewußten zu einem anderen, mutmaßlich zuhörenden. Das solcherart Gesprochene entspringt einem unbewußten Wissen, das auf ein anderes, mutmaßlich wissendes Subjekt übertragen wird. An dieses Subjekt wendet sich Freud, wenn er versucht, eine Art Gegenstück zur psychoanalytischen Grundregel aufzustellen, die dem Analysierten auferlegt wird: „Sie (…) besteht einfach darin, sich nichts besonders merken zu wollen und allem, was man zu hören bekommt, die nämliche gleichschwebende Aufmerksamkeit, wie ich es schon einmal genannt habe, entgegenzubringen. Man erspart sich auf diese Weise eine Anstrengung der Aufmerksamkeit (…) und vermeidet eine Gefahr, die von dem absichtlichen Aufmerken unzertrennlich ist. Sowie man nämlich seine Aufmerksamkeit absichtlich bis zu einer gewissen Höhe anspannt, beginnt man auch unter dem dargebotenen Material auszuwählen; man fixiert das eine Stück besonders scharf, eliminiert dafür ein anderes und folgt bei dieser Auswahl seinen Erwartungen oder seinen Neigungen. Gerade dies darf man aber nicht; folgt man bei der Auswahl seinen Erwartungen, so ist man in Gefahr, niemals etwas anderes zu finden, als was man bereits weiß; folgt man seinen Neigungen, so wird man sicherlich die mögliche Wahrnehmung fälschen. Man darf nicht darauf vergessen, daß man ja zumeist Dinge zu hören bekommt, deren Bedeutung erst nachträglich erkannt wird.

„Wie man sieht, ist die Vorschrift, sich alles gleichmäßig zu merken, das notwendige Gegenstück zu der Anforderung an den Analysierten, ohne Kritik und Auswahl alles zu erzählen, was ihm einfällt. Benimmt sich der Arzt anders, so macht er zum großen Teile den Gewinn zunichte, der aus der Befolgung der ‚psychoanalytischen Grundregel‘ von seiten des Patienten resultiert. Die Regel für den Arzt läßt sich so aussprechen: Man halte alle bewußten Einwirkungen von seiner Merkfähigkeit ferne und überlasse sich völlig seinem unbewußten Gedächtnisse, oder rein rechnisch ausgedrückt: Man höre zu und kümmere sich nicht darum, ob man sich etwas merke." (op. cit., S. 171 f.)

Eine ideale Regel, die sich schwer, wenn nicht unmöglich, einhalten läßt. Freud selbst übertritt sei. Sei es aus dem Bestreben, einen Teil der Theorie zu erproben, deren Entdeckung er zu stützen sucht, wie dies bei Dora der Fall ist (Freud will die Bedeutung der inzestuösen Beziehung zum Vater nachweisen und vernachlässigt die Rolle der homosexuellen Beziehungen zwischen Dora und Frau K. ...). Desgleichen beeinflußte ein theoretisches Anliegen den Verlauf der Behandlung des Wolfsmannes, wo die Erwartung Freuds so drängend war (es ging um die Bereitstellung zusätzlicher Beweise für eine Debatte mit Jung), daß das gesamte Material über die Urszene unter dem Druck einer Frist erhalten wurde, die er sich selbst gesetzt hatte. Sei es, daß seine eigenen unbewußten Vorstellungen in die Behandlungsführung eingreifen (beim Wolfsmann assoziiert Freud die Farbe von Schmetterlingsflügeln mit der eines Frauenkleides, das ein Mädchen getragen hatte, in das er selbst im Alter von siebzehn Jahren verliebt war).

64

Die Originalität des psychoanalytischen Zuhörens beruht auf folgendem: Es ist jene Hin- und Herbewegung, die Neutralität und Engagement, das Ausblenden der Steuerung und die Theorie verbindet: „Die Gründlichkeit des unbewußten Begehrens, die Logik des Begehrens entschleiert sich nur demjenigen, der gleichzeitig jene zwei scheinbar widersprüchlichen Anforderungen erfüllt, Ordnung und Singularität" (S. Leclaire).

Aus dieser Verschiebung (die an die Bewegung erinnert, die den Schall hervorbringt) entsteht für den Psychoanalytiker so etwas wie eine Resonanz, mit Hilfe deren er seine Ohren für das Wesentliche „spitzen" kann: nämlich darauf, „den Zugang zu jenem singulären und so spürbaren Drängen eines wichtigen Elements des Unbewußten" nicht zu verfehlen (und auch den Patienten nicht verfehlen zu lassen). Was hier als wichtigstes Element bezeichnet wird, das dem Zuhören des Psychoanalytikers zukommt, ist ein Begriff, ein Wort, ein Komplex von Buchstaben, die auf eine Bewegung des Körpers verweist: ein Signifikant.

In dieser Hotellerie des Signifikanten, in der das Subjekt gehört werden kann, ist die Bewegung des Körpers vor allem die, der die Stimme entspringt. Die Stimme ist, im Vergleich zum Schweigen, wie das Schreiben (im graphischen Sinn) auf weißem Papier. Das Hören einer Stimme eröffnet die Beziehung zum anderen: Die Stimme, an der man die anderen wiedererkennt (wie die Schrift auf einen Briefumschlag), zeigt uns deren Wesensart, deren Freud oder Leid, deren Befindlichkeit an; sie transportiert ein Bild ihres Körpers und darüber hinaus eine ganze Psychologie (man spricht von einer warmen Stimme, einer eisigen Stimme usw.). Mitunter beeindruckt uns die Stimme eines Gesprächspartners mehr als der Inhalt seines Diskurses, und wir ertappen uns dabei, daß wir auf die Modulationen und Obertöne dieser Stimme lauschen, ohne zu hören, was sie uns sagt. Dieses Auseinanderweichen ist wohl teilweise für das Gefühl der Fremdheit (mitunter der Antipathie) verantwortlich, das jeder beim Anhören seiner eigenen

Stimme verspürt: Dringt sie durch die Hohlräume und Massen unseres Körpers zu uns, so liefert sie uns ein entstelltes Bild von uns selbst, als würde man sich mit Hilfe einer Spiegelvorrichtung im Profil betrachten.

„Man sollte vor allem beachten, daß der Hörakt nicht derselbe ist, je nachdem ob er auf die Kohärenz der verbalen Kette zielt, namentlich auf die in jedem Augenblick zu beobachtende Überdeterminierung derselben durch das Nachträgliche ihrer Abfolge, wie auch auf die in jedem Augenblick beobachtbare Suspension ihrer Geltung, sobald ein Sinn entsteht, der immer verweist – oder ob er im Sprechen sich auf die lautliche Modulation abstimmt zum Zweck der akustischen Analyse: gleich, ob es dabei um Tonalität, Phonetik oder gar musikalische Aussage geht." (J. Lacan, *Schriften II,* Olten/Freiburg i. Br. 1975, S. 64.) Die singende Stimme, dieser sehr präzise Raum, in dem eine Sprache einer Stimme begegnet, aus der ein guter Zuhörer das heraushören kann, was sich als ihre „Rauheit" bezeichnen läßt: Die Stimme ist nicht der Atem, sondern durchaus jene Materialität des Körpers, die der Kehle entsteigt, dem Ort, an dem das Lautmetall gehärtet und gestanzt wird.

Als Körperlichkeit des Sprechens liegt die Stimme in der Artikulation des Körpers und des Diskurses, so daß das Zuhören in der Hin- und Herbewegung zwischen beiden vor sich gehen kann. „Jemandem zuhören, seine Stimme hören, erfordert von seiten des Zuhörers eine Aufmerksamkeit, die für das Dazwischen von Körper und Diskurs offen ist und sich weder auf den Eindruck der Stimme noch auf den Ausdruck des Diskurses versteift. Bei diesem Zuhören läßt sich nun genau das vernehmen, was das sprechende Subjekt nicht sagt: die unbewußte Textur, die seinen Körper als Ort zu seinem Diskurs assoziiert: die aktive Textur, die im Sprechen des Subjekts die Gesamtheit seiner Geschichte reaktualisiert" (Denis Vasse). Das ist das Anliegen der Psychoanalyse: Die Geschichte des Subjekts in seinem Sprechen zu rekonstruieren. Aus dieser Sicht ist das Zuhören des

66

Psychoanalytikers eine Haltung, die sich den Ursprüngen zuwendet, sofern diese Ursprünge nicht als historische angesehen werden. Beim Versuch, die Signifikanten zu erfassen, lernt der Psychoanalytiker, die Sprache des Unbewußten seines Patienten zu „sprechen", genauso wie ein tief in die Sprache getauchtes Kind die Laute, Silben, Konsonanten und Wörter erfaßt und zu sprechen lernt. Das Zuhören ist jenes Erhaschen der Signifikanten, durch das das *infans* zum sprechenden Wesen wird.

Das Unbewußte des anderen, seine Sprache hören, ihm bei der Rekonstruktion seiner Geschichte helfen, sein unbewußtes Begehren freilegen: Das Zuhören des Analytikers führt zu einer Anerkennung: Der Anerkennung des Begehrens des anderen. Das Zuhören enthält somit ein Risiko: Es kann nicht im Schutze eines theoretischen Apparats vor sich gehen, der Analysand ist kein wissenschaftliches Objekt, demgegenüber sich der Analytiker mit Objektivität wappnen könnte. Die psychoanalytische Beziehung wird zwischen zwei Subjekten geknüpft. Die Anerkennung des Begehrens des anderen kann also keineswegs in der Neutralität, im Wohlwollen oder im Liberalismus entstehen: Dieses Begehren anerkennen bedingt, daß man darin eintritt, hineinschlittert und sich schließlich darin befindet. Das Zuhören existiert nur unter der Bedingung, daß ein Risiko eingegangen wird, und wenn es davon lösgelöst werden muß, damit es zur Analyse kommt, so keineswegs mit Hilfe eines theoretischen Schildes. Der Psychoanalytiker kann nicht, einem an den Mast gefesselten Odysseus gleich, das Schauspiel der Sirenen gefahrlos genießen und ohne dessen Konsequenzen zu akzeptieren. „Etwas Wundersames lag in diesem wirklichen Gesang, diesem allen gemeinsamen, schlichten und alltäglichen Gesang verborgen, und dieses Wunderbare müssen sie mit einem Schlag erkannt haben (...), Sang des Abgrundes, der, wenn man ihn nur einmal vernommen hatte, in jedem Wort einen Abgrund auftat und sehr dazu verlockte, in ihm zu verschwinden." (M. Blanchot, *Der Gesang der*

Sirenen, Frankfurt/Berlin/Wien 1982, S. 11 f.) Der Mythos von Odysseus und den Sirenen schildert nicht, wie ein gelungenes Zuhören vonstatten gehen könnte; man kann es als Negativ in die Klippen einzeichnen, denen der Seefahrer-Psychoanalytiker um jeden Preis ausweichen muß: sich die Ohren verstopfen wie die Männer der Besatzung, zu einer List greifen und sich als feige erweisen wie Odysseus oder der Einladung der Sirenen nachkommen und verschwinden. Was dadurch hervortritt, ist nicht mehr ein unmittelbares Zuhören, sondern ein abgerücktes, in den Raum einer anderen Seefahrt versetztes, in eine „glückliche, unglückliche, nämlich die der Erzählung, des nicht mehr unmittelbaren, sondern erzählten Gesangs". Die Erzählung als mittelbare, aufgeschobene Konstruktion: Freud betreibt nichts anderes, wenn er seine „Fälle" niederschreibt. Schreber, Dora, der kleine Hans und der Wolfsmann, lauter Erzählungen (es war sogar von dem „Schriftsteller Freud" die Rede); indem Freud sie als solche niederschrieb (die eigentlich medizinischen Beobachtungen sind nicht in Form von Erzählungen abgefaßt), hat er nicht aus Zufall gehandelt, sondern aufgrund der Theorie des neuen Zuhörens: das mit Bildern zu tun hat.

In den Träumen wird das Gehör nie eingesetzt. Der Traum ist ein streng visuelles Phänomen, und das an das Ohr Gerichtete wird mit dem Auge wahrgenommen: Es handelt sich sozusagen um akustische Bilder. So waren im Traum des Wolfsmannes „die Ohren (der Wölfe) aufgestellt wie bei den Hunden, wenn sie auf etwas passen". Das „etwas", worauf sich die Ohrmuscheln der Wölfe richten, ist natürlich ein Laut, ein Geräusch, ein Schrei. Doch über diese „Übersetzung" hinaus, die vom Traum besorgt wird, werden Komplementaritätsbeziehungen zwischen Zuhören und Blick geknüpft. Der kleine Hans hat nicht nur deshalb Angst vor Pferden, weil er fürchtet, gebissen zu werden: „Ich habe Angst gehabt", sagt er, „weil es mit seinen Beinen Krawall gemacht hat." Der „Krawall" ist nicht nur die Unordnung der Bewegungen, die das am Boden liegende Pferd mit seinen Tritten bewirkt, sondern auch der ganze Lärm, den diese Bewegungen erzeugen. (Das deutsche Wort „Krawall" wird im Französischen mit „tumulte, émeute, raffut" übersetzt, lauter Wörtern, die visuelle und akustische Bilder assoziieren.)

4

Es war notwendig, diese kurze Strecke in Begleitung der Psychoanalyse zurückzulegen, andernfalls würden wir nicht begreifen, inwiefern das moderne Zuhören nicht mehr ganz dem gleicht, was wir hier Hinhören auf Indizien und Hinhören auf Zeichen genannt haben (selbst wenn diese Hörweisen nebeneinander fortbestehen). Denn zumindest in ihrer jüngsten Entwicklung, in der sie sich sowohl von einer bloßen Hermeneutik entfernt als auch vom Aufspüren eines Urtraumas, eines billigen Schuldersatzes, modifiziert die Psychoanalyse die Vorstellung, die wir uns vom Zuhören machen können.

Erstens ließ sich Jahrhunderte hindurch das Zuhören als ein intentionaler Hörakt definieren (zuhören heißt, mit vollem Bewußtsein hören *wollen*), während man ihm heute die Fähigkeit (und beinahe die Funktion) zuerkennt, unbekannte Räume abzutasten: Das Zuhören schließt heute nicht nur das Unbewußte, im topischen Sinn des Wortes, in sein Feld ein, sondern sozusagen auch dessen weltliche Formen: das Implizite, das Indirekte, das Zusätzliche, das Hinausgezögerte. Es gibt eine Öffnung des Zuhörens auf alle Formen der Polysemie, der Überdeterminierung und der Überlagerungen, es gibt ein Abbröckeln des Gesetzes, das ein geradliniges, einmaliges Zuhören vorschreibt; das Zuhören war definitionsgemäß *beflissen*; heute verlangt man gern von ihm, daß es *auftauchen läßt*; dergestalt kehrt man, aber auf einer anderen Windung der historischen Spirale, zur Konzeption eines *panischen* Zuhörens zurück, wie es in der Vorstellung der Griechen, zumindest der Dionysier, existierte.

69

Zweitens haben die durch den Hörakt bedingten Rollen nicht mehr dieselbe Starrheit wie früher; es gibt nicht mehr auf der einen Seite den Sprechenden, der sich ausliefert und gesteht, und auf der anderen den Zuhörenden, Schweigenden, Urteilenden und Bestrafenden; was nicht besagt, daß der Analytiker zum Beispiel genauso viel spricht wie sein Patient; und zwar deshalb, weil, wie gesagt, sein Zuhören aktiv ist, einen Platz im Spiel des Begehrens einnimmt, dessen Schauplatz die Sprache ist: Man muß es wiederholen, das Zuhören spricht. Von hier aus zeichnet sich eine Bewegung ab: Die Orte des Sprechens sind immer weniger durch die Institution geschützt. Die traditionellen Gesellschaften kannten zwei Orte des Zuhörens, und zwar zwei entfremdete: das arrogante Zuhören des Ranghöheren und das servile Zuhören des Untergebenen (oder ihrer Statthalter); dieses Paradigma wird heute auf allerdings noch grobe und vielleicht ungeeignete Weise angefochten: Man glaubt, zur Befreiung des Zuhörens brauche man nur selbst das Wort zu ergreifen — wo doch ein freies Zuhören im wesentlichen ein Zuhören ist, das zirkuliert, permutiert und durch seine Beweglichkeit das starre Netz der Sprechrollen auflöst: Eine freie Gesellschaft ist unvorstellbar, wenn man im vorhinein akzeptiert, in ihr die alten Orte des Zuhörens zu erhalten: die des Gläubigen, des Schülers und des Patienten.

Drittens ist das, worauf da und dort gehört wird (hautpsächlich im Feld der Kunst, deren Funktion oft utopisch ist), nicht das Auftreten eines Signifikats, das Objekts eines Wiedererkennens oder einer Entzifferung, sondern die Streuung schlechthin, das Spiegeln der Signifikanten, die ständig um ein Zuhören wetteifern, das ständig neue hervorbringt, ohne den Sinn jemals zum Stillstand zu bringen: Dieses Phänomen des Spiegelns nennt man *Signifikanz* (es unterscheidet sich von der Bedeutung): Beim „Anhören" eines klassischen Musikstücks wird der Zuhörer aufgefordert, dieses Stück zu „entziffern", das heißt (durch seine Bildung, seinen Fleiß, seine Sensibilität) dessen Aufbau zu erkennen, der

70

genauso kodiert (vorbestimmt) ist wie der eines Palastes derselben Epoche; beim „Anhören" einer Komposition (das Wort ist hier in seinem etymologischen Sinn zu verstehen) von Cage jedoch höre ich jeden einzelnen Ton nacheinander, nicht in seiner syntagmatischen Ausdehnung, sondern in seiner rohen und gleichsam vertikalen Signifikanz: Indem sich das Zuhören dekonstruiert, veräußerlicht es sich und zwingt das Subjekt zum Verzicht auf seine „Intimität". Das gilt *mutatis mutandis* für viele andere Formen der modernen Kunst von der „Malerei" bis zum „Text"; und dies ist natürlich mit Schmerz verbunden; denn kein Gesetz kann das Subjekt zwingen, seine Lust dort zu finden, wo es nicht hin will (welches auch immer die Gründe seines Widerstands sein mögen), kein Gesetz ist in der Lage, unser Zuhören zu erzwingen: Die Freiheit des Zuhörens ist ebenso unerläßlich wie die Freiheit des Sprechens. Deshalb ist dieser anscheinend bescheidene Begriff (das Zuhören taucht in den Lexika der Vergangenheit nicht auf, es fällt unter kein anerkanntes Fachgebiet) letztlich wie ein kleines Theater, in dem jene zwei modernen Gottheiten miteinander ringen, eine böse und eine gute: die Macht und das Begehren.

71

Akustik des Lebens
Volker M. Dreesbach

rheinbacher feste, 10. april 1988

es zeitet gleich 02.15 Uhr.
gerade hat sich,
nur zwei zellen weiter,
wieder einmal einer vor der zeit
aus seiner zeit abzuseilen versucht.
schon das geräuschevoll.
die zeit des seiles
war wohl schon längst verstrichen.

die akustik des lebens,
obwohl nun schon einige male erlebt,
tut auch weiterhin weh.
hektisches stille-zerreden,
getaktet von den betätigten
riegel- und schließ-mechanismen diverser türen,
kündigt wohl das eintreffen des notarztes an.
sauerstoff reagiert mit leben zu harmonischen ton-fugen.
den rest kennt man.

zurück bleibt,
aufgekämmt,
die alt-vertraute erkenntnis,
daß das hören,
die möglichkeit einer jeden zelle,
schwingungen ausgesetzt werden zu können,
der ur-sinn allen lebens ist.
fast meint man,
sich beruhigend von dem eigentlichen anlaß entfernend,
auf augen verzichten zu dürfen.

Pietro Longhi
Die schlummernde Kranke, um 1758

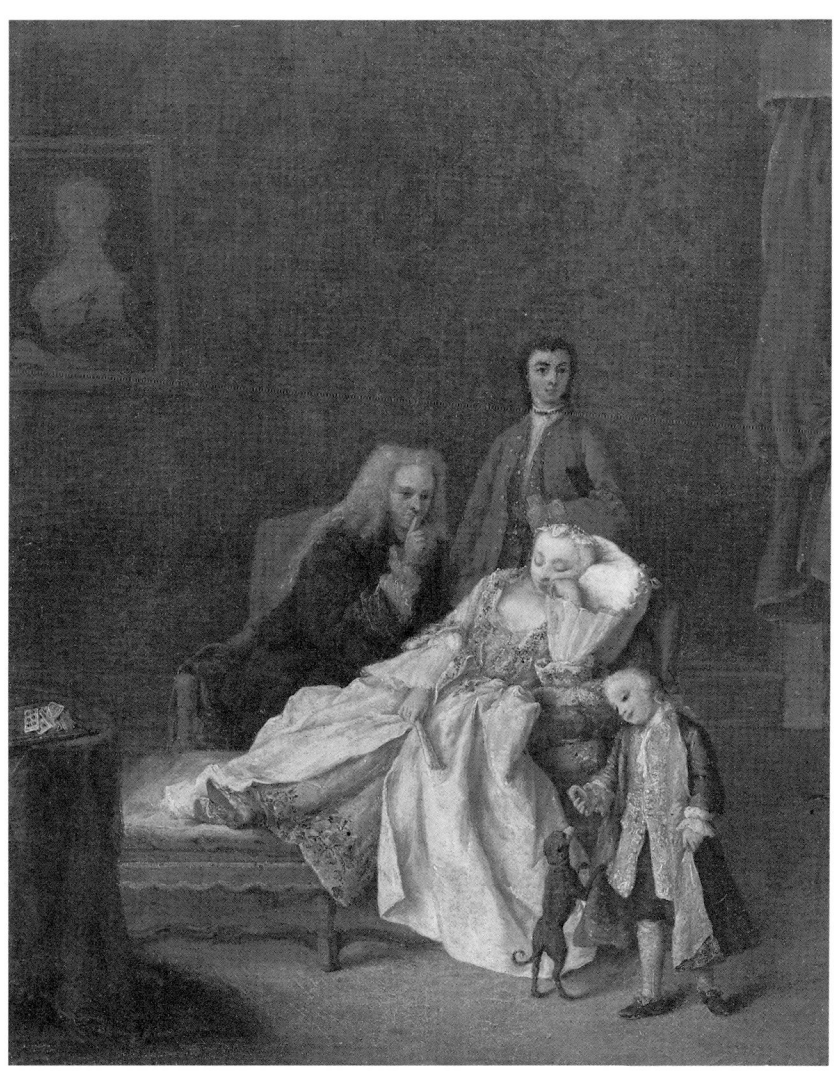

Stille Laute
Vom Hören in der Malerei
Herbert Pée

Angesichts eines Bildes ist nichts zu hören, kein Laut dringt aus ihm hervor. Es spricht auf andere Weise zum Betrachter, der lediglich sehen (und alsbald auch empfinden) kann, was es ihm mitzuteilen hat. Die Beziehung zwischen ihm und dem Bilde findet ausschließlich über das Auge statt. Der Blinde hat keinen Zugang zur Malerei, sie existiert für ihn nicht.

Durchaus anders verhält es sich innerhalb der Welt des Bildes. Nicht eben oft, aber auch nicht gerade selten wird das Hören zum Thema der Darstellung gemacht. Obwohl außerstande, auch nur einen einzigen Ton tatsächlich hervorzubringen, imaginiert das Bild Laute, Geräusche, Sprache, Musik, und obwohl das alles gänzlich stumm vonstatten geht, wird es in der Vorstellung des Betrachters miterlebbar und damit nahezu hörbar gemacht durch handelnde und das sind hier hörende Personen, mit denen er sich in oft glücklicher Übereinstimmung identifizieren kann. Ganz offenkundig: Es wird nicht Akustisches, Musik etwa, ansichtig gemacht, es wird das Hören der Töne imaginiert. Man schaue auf das Umschlagbild.

Das dargestellte Hören kann verschiedener Natur sein. Es reicht vom Banalen bis zum Erhabenen, vom Genusse irdischer Musik bis zum Vernehmen jenseitiger Botschaften, von beseligender Stille bis zu tosendem Lärm. Einige Beispiele sollen erkennbar machen, auf welch' vielfältige Weise das Hören zur Anschauung gebracht wird und welche Empfindungen damit ausgelöst werden. Bei den nachfolgenden kurzen Betrachtungen wird neben den inhaltlichen Motiven auch die Form der künstlerischen Vergegenwärtigung eine Rolle spielen.

Heinrich Vogeler
Frühling, Radierung 1896
Kunsthalle Bremen

Ein junges Mädchen sitzt in einem lichten Birkenwäld-
chen am Boden und schaut zu den noch unbelaubten
Zweigen empor. Sein Blick trifft auf einen Starenkasten,
auf dessen Stange ein kleiner Vogel zu erkennen ist. Er
singt, und ihm antwortet von gegenüber ein anderer
Vogel. Ihr Zwitschern, ihr eher zagender Gesang klingt
durch die Luft, ein Bach murmelt durch das Gehölz, still
liegen Wiese und Bauernhaus in kühlem Sonnenlicht.
Ein kaum spürbarer Luftzug durchweht die friedliche
Szene. All dem hängt das Mädchen nach, und was es
hingegeben erlauscht, die vielen leisen Geräusche der
Natur an einem hellen Vorfrühlingsmorgen, glaubt auch
der Betrachter zu vernehmen. Dazu verhilft ihm über-
dies die jungfräuliche Zartheit der Liniensprache, ihre
empfindsame Struktur, ihre ausgeklärte Reinheit, die
dem innigen Geschehen einen eigentümlichen Zauber
verleihen.

Ferdinand Waldmüller
Das belauschte Liebespaar, 1858
Sammlung Georg Schäfer, Schweinfurt

Nun geht es ungleich handfester zu, und das Mädchen
soeben zwischen den Birken scheint wie entrückt von
dieser Welt gegenüber der prallen Diesseitigkeit des
Vorgangs hier. Ohne jede Distanz dringt die Szene laut-
hals auf den Betrachter ein, und er wird unfreiwilliger
(und indiskreter) Zeuge der auf einen kurzen Augenblick zugespitzten Situation. Das sonnenhelle Licht, das
über die jungen Leute gleitet, und das abseitige Dunkel
der Alten interpretieren das Geschehen. Das ist geistig
ohne höheren Anspruch und erschöpft sich in purem,
unreflektiertem Naturalismus, wie nicht anders auch das
komplexe Phänomen des Hörens auf das banale Lauschen hinter der Tür reduziert ist. Dies ist die simpelste
Vergegenwärtigung des Themas vom Hören in der
Malerei. Sie muß deshalb nicht unliebenswert sein, denn
daß das Bild in Teilen bestechend schön gemalt ist, steht
außer Zweifel.

Michelangelo da Caravaggio
Die Inspiration des Hl. Matthäus, 1602
S. Luigi dei Francesi, Capella Contarelli, Rom

Der Engel des Herrn bringt dem Hl. Matthäus das Evangelium. Er stürzt vom Himmel und rauscht auf den erschrocken sich umblickenden Evangelisten herab. Er offenbart ihm das Wort Gottes, die Heilige Schrift, die er ihm Kapitel für Kapitel an den Fingern herbeizählt. Der Heilige wird das in dem ungeheuerlichen Vorgang Geschaute und Erhörte zum Matthäus-Evangelium niederschreiben. Ein transzendenter Vorgang wie dieser möchte in einer abgehobeneren, spirituellen Kunstsprache dargestellt werden wollen. Caravaggio jedoch, jener italienische Maler, der um 1600 die hochartifizierte Kunst des Manierismus wie einen Spuk hinwegfegte, versetzt ihn mit seinem drastischen Wirklichkeitssinn mitten in unsere stoffliche, dreidimensionale, begreifbare Welt. Das gewaltige Ereignis der aus dem Überirdischen vernommenen Botschaft, das visionäre, das halluzinatorische Hören der Engelsverkündung findet aber gerade auf diese Weise eine besonders großartige Vergegenwärtigung.

Simone Martini
Der Hl. Martin wird zum Ritter gewappnet
Ausschnitt aus einem Fresko, um 1312/19
S. Francesco, Assisi

St. Martin, als Heiliger bekannt durch die Teilung seines Mantels mit einem frierenden Bettler, war (im 4. Jahrhundert) Offizier im römischen Heer in Gallien. Hier umgürtet ihn der Kaiser Julian mit dem Schwert. Musik begleitet den feierlichen Vorgang. Ein Mann spielt auf einer Doppelflöte, ein anderer die Mandola; hinter ihm ertönt Gesang. Der Heilige blickt empor, doch von dort begegnet ihm keine himmlische Erscheinung. Sein Gestus ist vielmehr Ergriffenheit, einmal vom Geschehen selbst, mehr aber noch ist er ergriffen von den Klängen der Musik, die auf dem Bilde nur ihn zu erreichen scheinen. Das Hervorbringen der Töne geschieht auf eine ganz unsinnliche, von uns weit entrückte, nicht eigentlich nachvollziehbare Weise. Was dem Heiligen ins Ohr dringt und ihn erfüllen mag, ist für den Betrachter kaum mitzuerleben. Er nimmt daran nur äußerlich teil. Die mittelalterliche Hinwendung zum Transzendenten ist durchaus noch zu verspüren, doch auch die Wirklichkeit von Mensch und Raum beginnt bereits sich zu artikulieren. Der Zauber des Bildes beruht auf diesem Augenblick des Übergangs. Das Hören aber ist hier noch nicht von dieser Welt.

Französisch, um 1455/56
Konzert, um einen Ritter von der Schwermut zu befreien
Federzeichnung aus einem „Roman de Troilus"
Bibliothèque Nationale, Paris (Ms. franç. 25528)

Die Musik kann – und so ist es zumeist in der Malerei
und in der Graphik – einen Vorgang im Bilde begleiten.
In dieser Zeichnung wird sie ausdrücklich für eine einzige, ganz bestimmte Person veranstaltet. Sieben junge
Damen, sorgfältig gekleidet und nicht ohne Liebreiz
anzuschauen, singen und musizieren am Boden sitzend
vor einer noblen Lagerstatt, um einen von Traurigkeit
und Melancholie übermannten Edelherrn wieder aufzu-
richten. Obwohl er wie abwesend darniederliegt, hört er
doch zu, und die anmutigen Klänge werden von seinem
Herzen mehr und mehr Besitz ergreifen. Das Hören, das
die Seele tröstet – und Musik tut das meist mehr als
Worte es vermögen –, ist das Thema der Zeichnung, der
Illustration einer empfindsamen und wohl auch ein
wenig amourösen Begebenheit in einem höfischen französischen Roman.

tesieurs. Et cecy faisoient Itz pour le oster hors de la mercecolie
en laquelle Il estoit

Jl ij Jour de heure fut sa chambre plaine
de dames et de damoiselles et de toutes
maineres dinstrumens dun coste estoit

Siehe Bildtafel Seite 88 / 89

Johann Heinrich Schönfeld
Die Hochzeit zu Kana, um 1640/45
Privatbesitz, Mailand

Der deutsche Barockmaler Schönfeld stellt die Musik
nicht dar als eine himmlische Macht, als welche sie
gerade eben noch verstanden wurde, sondern als ein
ganz und gar irdisches Vergnügen — ungeachtet der
biblischen Szene „Und da es an Wein gebrach, sprach
die Mutter Jesu zu ihm: sie haben nicht Wein" (Joh. 2,
Vers 3). Die ungemein elegant figurierte Gesellschaft (in
dem nicht unbeschädigten Gemälde) ist allzu sehr mit
sich selbst beschäftigt, um wirklich auf die Musik des
kleinen Orchesters im rechten Vordergrunde zu hören.
Aber das Spiel der fünf beseelt agierenden Musikanten
tönt durch den Raum und erfüllt das ganze Bild, die
steinerne Halle wie die um den weißen Tisch versam-
melte Gesellschaft, das Miteinander der menschlichen
Stimmen und Gesten, selbst die Anordnung der Komposition und ihre wunderbare Farbigkeit, mit dem Zauber
vollkommener Musikalität. So mag es gewesen sein,
wenn Mozart dem Salzburger Fürsterzbischof von
Colloredo und seinen Gästen zu Tisch aufspielte. Es ist,
wenn doch in diesem Beitrag vom Hören in der Malerei
gehandelt werden soll, anscheinend recht wenig Hab-
haftes in dem Bilde zu entdecken, aber macht dieses
beiläufige Aufnehmen einer — hier freilich höchst erle-
senen und dezidierten — Geräuschkulisse nicht den
weitaus größten Teil unseres Hörens aus?

Moritz von Schwind
Ein Schubertabend, um 1868
Museen der Stadt Wien (Leihgabe Wiener Schubertbund)

Daß Menschen sich hingegen auch versammeln können,
nur um einer Sache — und gar andächtig — zuzuhören,
ist das Thema dieser Studie des biedermeierlichen
Malers Moritz von Schwind. Man ist zusammengekom-
men, um dem Klavierspiel des Herrn Schubert zu lauschen. Vornehmlich junge Damen sind es, die sich
erwartungsvoll den Klängen der Musik hingeben. Jede
mag dabei etwas anderes empfinden, denn das Erlebnis
des Hörens ist ganz in die einzelne Person verlegt. Jede
fühlt sich von der Musik auf ihre besondere, persönliche
Weise angesprochen und in innere Bewegung versetzt.
Auf Schönfelds „Hochzeit zu Kana" gab es dieses individuelle Aufnehmen der Musik noch nicht. Wie so oft,
verleiht auch hier das Unvollendete der Komposition
der Szene einen zusätzlichen Reiz.

Rembrandt
David vor König Saul die Harfe spielend, um 1655/60/65
Mauritshuis, Den Haag

Das Erlebnis und damit auch die bildhafte Darstellung
des Hörens kann – weit über allen „Schubert" hinaus –
außerordentliche Dimensionen annehmen. „Der Geist
des Herrn aber wich von Saul und ein böser Geist des
Herrn ängstigte ihn ... Sooft nun der böse Geist von Gott
über Saul kam, nahm David die Harfe und spielte darauf
mit seiner Hand. So wurde es Saul leichter, und es ward
besser mit ihm, und der böse Geist wich von ihm"
(1. Samuel, 16, Verse 14, 23). Die Musik also als erlö-
sende Macht, als Befreiung von innerer Not, Zerrissen-
heit, Bedrängnis und Verzweiflung. Rembrandt stellt die
gewaltige Erschütterung des alttestamentarischen
Königs dar, die tief in ihrer Seele aufgerührte Kreatur.
In Haltung und Antlitz des Saul spiegelt sich das ganze
Drama wider: zu eben der gleichen Zeit die Gegenwart
noch des ihn beherrschenden bösen Geistes wie auch
schon dessen Besänftigung und Vertreibung durch die
befreienden Klänge der Musik. Der angstvoll erwartende
Blick ist nach innen gerichtet, und um die aufsteigen-
den Tränen zu verbergen, zieht der große Mann in einer
hilflosen Bewegung den Vorhang vor das Auge. Der das
alles bewirkt, der selbstvergessen die Harfe schlagende
David, könnte ergreifender nicht dargestellt werden.
Das Hören als ein elementares, existenzielles Ereignis.
Die Gestalt des David ist fünf bis zehn Jahre früher
gemalt als die des Saul.

Georg Friedrich Kersting
Die Stickerin, 1812
Kunstsammlungen zu Weimar

Das Gegenteil solchen inneren Aufruhrs ist die Stille,
nicht die taube Hörlosigkeit, sondern jener atmende
Augenblick zwischen den erstorbenen und den wieder
anhebenden Geräuschen. Eine junge Frau sitzt an einem
Tischchen und stickt. Durch das halb geöffnete Fenster
fällt helles Licht auf sie und auf das Sofa hinter ihr, auf
dem eine Guitarre lehnt. Darüber an der Wand das von
Blumen umkränzte Bildnis eines jungen Mannes. Kein
Laut scheint sich zu rühren. Fast könnte man die Nadel
sticken hören. Doch ein Windhauch mag vorüberstrei-
chen und durch die Pflanzen auf dem Fenstersims hinein ins Zimmer wehen; die Frau könnte den Fuß ein
wenig versetzen, und Kleid und Schürze könnten leise
rascheln; vielleicht knarrt eine Diele auch, und schon
das Vorüberflattern eines Vogels draußen würde wie ein
fremder Laut in den Frieden dieses Raumes dringen.
Und auch die Guitarre bleibt schweigende Musik. Eine
zu biedermeierlicher Innigkeit neigende Romantik hat
solche Bilder mit ihren ruhig umschlossenen Formen
sehr geliebt. Caspar David Friedrichs gewiß bekanntere
„Frau am Fenster" ist da von ungleich höherem
Anspruch, freilich ohne diese stille Seligkeit.

95

Rudolf von Alt
Blick in die Alservorstadt, Aquarell 1872
Graphische Sammlung Albertina, Wien

Ein Mädchen — es ist die Tochter des Künstlers — schaut
aus dem offenen Küchenfenster herab in einen Hof, auf
dem sich ganz Alltägliches ereignet. Rückseitige
Gebäude umsäumen den Platz. Dachdecker sind, gleich
zweimal, am Werke, ein Pferdegespann fährt heran,
Kinder sind auf dem Hof, eine Frau, ein Hund, und
Wäsche flattert auf der Leine; ein Garten ist dort auch
mit Bäumen. Louise, so mit Namen, sieht und hört ganz
still versunken all dem zu. Das leise Geklapper beim
Absetzen der Ziegel dringt an ihr Ohr, ein Hämmern
auch der Männer auf dem Dach, der Hufschlag des Pferdes, der Zuruf des Kutschers, die hellen Stimmen der
Kinder beim Spielen, das Gezirp der Vögel in den
Büschen. Es sind die vielfältigen alltäglichen, eigentlich
nichtssagenden Geräusche, die das Bild erfüllen. Keine
idealisierende Romantik verklärt die zunehmend sachli-
che und profane Sicht der Dinge. Die poetische Stimmung, die dennoch über dem Ganzen liegt, wird vom
Licht herbeigetragen, besonders wie es auf Louise fällt
und auf die aufgehende Hauswand neben ihr. Der helle
Schein überhöht das Mädchen nicht, er bildet es nur still
und wahr hervor. Hören wie jeden Tag, realistische
Kunst.

Adolph von Menzel
Im Biergarten zu Bad Kissingen, Aquarell 1874
Sammlung Georg Schäfer, Schweinfurt

Ein ruheloses Gewirr von Lauten und Tönen liegt über
dieser Gesellschaft, und flackernd unruhig ist das Aquarell auch gemalt. Man unterhält sich ungeniert und frei
heraus auf der Terrasse, steht redend beieinander,
begrüßt sich mit freundlichem Anruf und geschwenk-
tem Hut. Alltägliches auch hier, doch bringt die Unge-
zwungenheit, mit der Menzel daraus völlig willkürliche
und ungeschönte Ausschnitte darstellt, das peinlich
Ungeordnete menschlichen Beieinanders zutage. Hier
muß auch laut gesprochen werden, um sich verständlich
zu machen, und da das alle tun, entsteht ein lärmendes
Durcheinander, das aufdringlich und verworren an die
Ohren dringt. Dieser unverblümte, triviale Realismus
des späteren Menzel (nicht des frühen!) löst alle höheren Bindungen auf und läßt die Welt in nichts als nur
sich selbst meinende, selbstgefällige Individuen zerfal-
len. Bei Alt war alles noch zusammengehalten, und die
heile Welt war noch in Ordnung, die hier nun schon
verloren ist. Man vergleiche einmal die „Lautstärke" der
beiden Aquarelle.

Umberto Boccioni
La strada entra nella casa, 1911
Sprengel Museum, Hannover

Eine Frau steht auf dem Balkon ihrer Wohnung und
schaut auf die Straße hinunter. Nein, so geht es eigentlich nicht. Schon dieser erste Satz müßte, wenn das
möglich wäre, in zerrissenen Wortfetzen geschrieben
werden, um dem Eindruck gerecht zu werden, der hier
beabsichtigt ist. Gleichwohl: die Straße ist eine einzige
Baustelle; viele Menschen eilen umher oder verrichten
ihre Arbeit. Kinder spielen herum, links vorn steht ein
Wagen mit Material, rechts gibt es ein Pferd, und seit-
lich sehen weitere Frauen von ihren Balkonen auf das
Geschehen herab. Schräge, zersplitternde Häuserwände
begrenzen das in aggressiven Farben gemalte Bild. Vom
Motiv her eine Szenerie, die sehr vergleichbar ist jener
auf dem Aquarell mit der Louise von Alt, das keine vierzig Jahre früher entstanden ist. Doch welch' ein Unterschied! Das Kontinuum, die zusammenhängende Einheit aller Erscheinung ist zerrissen, und eine motorische
Dynamik läßt wie in einem Erdbeben die gewohnte Welt
zusammenstürzen. Ein hektischer, chaotischer Lärm
dringt hervor, schlägt über den Menschen zusammen
und bricht gellend in die Häuser ein.
   Die italienischen Futuristen, zu denen Boccioni
gehört hat, versuchten in den Jahren vor dem ersten
Weltkrieg in ihren Bildern das Wesen der modernen
Zivilisation zur Anschauung zu bringen: die Auflösung
des Hergebrachten, ihre neuen, nun andersartig inein-
andergreifenden Elemente, die veränderten Rhythmen
der Arbeit etwa, den Verkehr und seine bisher nicht
geahnten Geschwindigkeiten, vieles andere mehr, die
ganze Komplexität des neuen Zeitalters und nicht
zuletzt, als eine Summe alles dessen, einen akustischen

Furor, dem alles wehrlos ausgeliefert ist. Dieses Bild aus dem Jahre 1911 scheint eine Vision recht eigentlich einer späteren, der gegenwärtigen Zeit zu sein. Noch aber schauen im Bilde die Frauen wie ungerührt dem bedrohlichen Treiben zu.

Giuseppe Maria Crespi
Die Lautenspielerin, um 1700
Museum of Fine Arts, Boston

Dies ist nach dem Boccioni wie eine Rückkehr in glücklichere Zeiten. Eine aufwendig schön gekleidete, vornehme Dame stimmt eine Laute, die sie vor dem Körper hält. Ihre linke Hand dreht an den Wirbeln, die rechte schlägt die Saite an, und mit aufgehobenem, leicht abgewandtem Kopf hört sie den angestimmten Tönen nach, die die Darstellung ringsum zu erfüllen scheinen. Ein Bild von sinnenhafter Wärme und von der anmutigsten Eleganz. Sein wahrer Versammlungspunkt aber ist das Ohr der jungen Frau, der Einlaßort all des Vernommenen, das von Natur aus kunstvoll ausgebildete Organ für das hörende Erkennen dieser Welt. Solche Gemälde sind im Barock nicht (oder nur erst in der zweiten Linie) um der porträtierten Person willen angefertigt worden. Man versuchte, mit ihnen Sinn-Bilder zu erschaffen, etwas in seiner Unanschaulichkeit nicht eigentlich Darstellbares (hier: das Hören) ansichtig und miterlebbar zu machen. Kaum je ist das in der abendländischen Malerei so eindrucksvoll verwirklicht worden wie in diesem italienischen Bilde, einer wahrhaft vollkommenen Allegorie des menschlichen Gehörs.

104

Oskar Kokoschka
Die Macht der Musik, 1918/19
Stedelijk van Abbemuseum, Eindhoven

Eine Allegorie des Gehörs nun aus dem 20. Jahrhundert, und, wie schon das Bild von Boccioni, herkömmlich betrachtet nicht eigentlich zu erfassen. Die beiden Figuren, eher flächig denn als Körper ausgebreitet, agieren, selber fast nur Farbe, in einem imaginären Umraum bewegter farbiger Struktur. Ein weibliches Wesen bläst die Fanfare, und, jenseits aller Erfahrung, entströmen dem Instrumente übermächtige Klänge, die die Szene in ihren Grundfesten erschüttern und den Knaben rechts vor ihrer Gewalt vornüber stürzen lassen. Eine Paraphrase gleichsam des Jüngsten Gerichts, erfüllt von schmetterndem Getön, doch eingehüllt in reiche, weiche Farbigkeit. Ein Exemplum für die überwältigende Macht der Musik, die mehr als alle Sprache den Menschen über die irdische Wirklichkeit hinausträgt. Das tut auch dieses Bild.

Versuch über das Hören

Franz Kafka hat auf einer Seite seines Tagebuchs akribisch die Symphonie der häuslichen Geräusche notiert, die er von seinem Zimmer aus, dem „Lärmhauptquartier der ganzen Wohnung", hören konnte / mußte.

Kafkas penibles Geräusch-Protokoll stand Modell für eine Idee: eine Reihe berühmter Autorinnen und Autoren zu bitten, von Neil Postman („Wir amüsieren uns zu Tode") bis Adrzej Szczypiorski („Die schöne Frau Seidenman"), auf einer Schreibmaschinenseite einen kleinen „Versuch über das Hören" zu schreiben.

Acht Autoren sind der Bitte nachgekommen, die Hälfte in Form eines persönlichen Hör-Erlebnisses, die andere Hälfte in Form einer mehr oder weniger allgemeinen Betrachtung über das Hören. Wobei die Betrachtung, die Neil Postman aus New York geschickt hat, so wunderschön allgemein und themenübergreifend ausgefallen ist, daß wir sie gleich („Statt eines Vorwortes") dem ganzen Buch vorangestellt haben.

Doch hören Sie selbst: zunächst Kafka, dann, in alphabetischer Reihenfolge, die hier erstmals veröffentlichten Originalbeiträge der Autoren.

Im Hauptquartier des Lärms
Franz Kafka

Ich will schreiben mit einem ständigen Zittern auf der
Stirn. Ich sitze in meinem Zimmer im Hauptquartier des
Lärms der ganzen Wohnung. Alle Türen höre ich schlagen, durch ihren Lärm bleiben mir nur die Schritte der
zwischen ihnen Laufenden erspart, noch das Zuklappen
der Herdtüre in der Küche höre ich. Der Vater durch-
bricht die Türen meines Zimmers und zieht im nach-
schleppenden Schlafrock durch, aus dem Ofen im
Nebenzimmer wird die Asche gekratzt. Valli fragt durch
das Vorzimmer, wie durch eine Pariser Gasse ins Unbe-
stimmte rufend, ob denn des Vaters Hut schon geputzt
ist, ein Zischen, das mir befreundet sein will, erhebt das
Geschrei einer antwortenden Stimme. Die Wohnungs-
türe wird aufgeklinkt und lärmt wie aus katarrhali-
schem Hals, öffnet sich dann weiterhin mit dem kurzen
Singen einer Frauenstimme und schließt sich mit einem
dumpfen männlichen Ruck, der sich am rücksichtslose-
sten anhört. Der Vater ist weg, jetzt beginnt der zartere
zerstreutere hoffnungslosere Lärm, von den Stimmen
der zwei Kanarienvögel angeführt. Schon früher dachte
ich daran, bei den Kanarienvögeln fällt es mir aber von
neuem ein, ob ich nicht die Türe bis zu einer kleinen
Spalte öffnen, schlangengleich ins Nebenzimmer krie-
chen und so auf dem Boden meine Schwestern und ihr
Fräulein um Ruhe bitten sollte.

Die eigene Stimme hören
Hans Bausch

Als ich vor mehr als 40 Jahren zum ersten Mal im Lautsprecher meine Stimme hörte, bin ich erschrocken. Das war nicht die Stimme, mit der ich mich bisher selber gehört hatte. Freunde und Kollegen, die mit mir zusammensaßen, bemerkten meine Überraschung. „Was hast Du denn?" fragten sie. Als ich ihnen darlegte, daß ich mich bisher ganz anders selbst gehört hatte, zeigten sie sich überrascht, versicherten mir aber, so wie jetzt aus dem Lautsprecher hätten sie meine Stimme schon immer gehört.

Nur ein älterer Kollege zeigte Verständnis und erklärte mir, man höre sich selbst auch mit dem inneren Ohr, welcher Begriff mir damals völlig fremd gewesen ist. Im Laufe der nächsten Wochen und Monate pflegte ich einen Kommentar vorher „abzuhören" und gewann im Laufe der Zeit Verständnis für die Wirkung meiner eigenen Stimme in jenem Timbre, das alle gehört haben müssen, zu denen ich bisher gesprochen hatte.

Damals, wenige Jahre nach Kriegsende, gab es hierzulande noch kein Fernsehen. Es war die Zeit des Zuhörens, der aktuellen Reportage, einer neuen literarischen Gattung, des Hörspiels. Damals entstand das „Hörbild", womit wohl zum Ausdruck gebracht werden sollte, daß man sich bildlich vorstellen solle, was der Autor realistisch oder künstlerisch überhöht dem Zuhörer zumutete. Der Nachholbedarf an Weltliteratur war eine Aufgabe des „Hörfunks", wie man den — anfänglich auch in Deutschland benutzten — internationalen Begriff „Radio" ins Puristendeutsche übersetzt hatte.

Das Erlebnis mit der eigenen Stimme ließ mich nicht los. Ich entdeckte in der Stimme immer mehr von den

Charaktermerkmalen eines Menschen. Bald lieferten auch die Ultrakurzwellensender bei der Übermittlung und Verbreitung der Stimme hohe Qualität. Ich versuchte im Studio, an den Wirkungen einer Stimme beim Zuhören menschliche Wesensmerkmale herauszufinden. Wurde ich des handgeschriebenen Manuskripts eines Autors habhaft, verdeckte ich während einer Radioaufnahme das Fenster zum Studio mit einem Vorhang und versuchte mir ein Bild zu machen von dem Menschen, den ich hörte. Ich zog Lavaters „Physiognomik" zu Hilfe, beschäftigte mich mit Kretschmers „Körperbau und Charakter" und fand heraus, daß es keine Wissenschaft vom Hören gibt. Erinnerungen an Hitler und Goebbels wurden in mir wach.

Heute habe ich ein Gefühl dafür, wenn ich jemanden höre, ohne ihn zu sehen, ob er beispielsweise eitel ist, ob er das Gewicht seiner eigenen Gedanken und Worte richtig einzuschätzen vermag, den Hörer langweilt oder in seinen Bann schlägt.

Nachdem Tonbandkassetten sehr preiswert und billige Abspielgeräte günstig zu erwerben sind, sollte es mich nicht wundern, wenn die schwindende Briefkultur früherer Jahrzehnte und Jahrhunderte abgelöst würde durch das gesprochene und gehörte Wort. Es ist lebendiger, unmittelbarer, und es kann beim Sprechen und beim Hören durchaus von Herz zu Herzen gehen.

Mit den Ohren sehen
Jurek Becker

Als Student lernte ich einen jungen Mann an der Universität kennen, der von Geburt an blind war. Da wir gut miteinander auskamen und uns vor allem für dieselbe Art von Musik begeisterten, trafen wir uns eine Zeitlang, um Schallplatten oder Tonbänder zu hören. Das einemal kam er zu mir, das anderemal ich zu ihm. Bald fand ich heraus, daß ich ihn für behinderter hielt, als er war. Er wehrte sich nicht gegen meine oft überflüssigen Hilfeleistungen, doch ich merkte, daß sie ihn amüsierten. Manchmal lächelte er mich an wie jemanden, der etwas schwer von Begriff ist. Es kostete mich Überwindung, ihm nicht die leergetrunkene Tasse aus der Hand zu nehmen und ihm nicht den Stuhl gegen die Kniekehlen zu schieben und ihm nicht alle Hindernisse aus dem Weg zu räumen. Als ich ihm das erstmal nicht den Mantel abnahm, sondern wartete, bis er ihn selbst an meine Garderobe gehängt hatte, sagte er „bravo!", und ich wurde bestimmt rot.

Ich erinnere mich, wie mir zum erstenmal der Verdacht kam, es müsse nicht unbedingt ein Nachteil sein, nicht sehen zu können. Seine Umgebung als immerwährendes Hörspiel zu erleben, dachte ich, könne zu einer Art von Genauhörigkeit führen, die zwar eine andere Vorstellung von der Welt liefere als die übliche, vielleicht aber eine präzisere. Verhindern nicht meist die Bilder, die man sieht, daß man sich ein Bild von etwas macht? Jedesmal, wenn ich jemanden beobachte, der die Augen zumacht, um genauer hören zu können, denke ich an den Kommilitonen, der solche Verrenkung nicht nötig hatte.

Das Bergmandl
Walter Dirks

Das kleine, aber merkwürdige Hör-Erlebnis, über das ich berichten will, hat sich vor mehr als einem halben Jahrhundert an einem Wandertag in den Lechtaler Alpen zugetragen, sehr früh, noch vor dem Morgengrauen.

Mein Bergfreund und ich strebten auf einem schmalen Pfad, der in einen steilen Grashang eingeschnitten war, dem Felsberg zu, den wir erklettern wollten. Plötzlich glaubte ich meinen Kumpel, der mir vorausging, rufen zu hören: „Fall nicht den Berg runter!" Gerade wollte ich antworten: „Hast du vergessen, daß ich ein alter Bergsteiger bin?", da sah ich vor mir auf dem Weg etwas Schwarzes liegen, das sich langsam bewegte. Ich sah, daß es ein Bergsalamander war, den wir mit den Älplern „Bergmandl" nannten — ein schwarzer, feuchter, träger Bergsalamander. Mit einem Mal hörte ich den Freund sagen: „Vorsicht, ein Bergmandl!" Aber es war keineswegs so, daß ich ihn nun ein zweites Mal sprechen hörte; ich habe in Wirklichkeit den Satz plötzlich „um-gehört": Die Warnung vor dem steilen Abhang verwandelte sich in eine Warnung vor der Gefahr, unbedacht ein liebes kleines Tier mit meinem Schuh umzubringen. Ich hörte die nur einmal ausgesprochene Warnung nun „richtig". Da muß im Gehirn etwas passiert sein. Hat es so rasch geschaltet, daß die problematische und die richtige Deutung des objektiven akustischen Sachverhaltes nicht nacheinander, sondern gleichzeitig, „im Nu", wahrgenommen worden sind?

Ich habe mir da eine Erklärung zurechtgelegt: In der Situation, in der wir uns befanden, erschien mir der Satz des Gefährten, wie ich ihn akustisch mißverstand, sinnlos zu sein. Ich konnte ihn nicht akzeptieren, ein gewisses Unbehagen blieb zurück — das konnte doch nicht stimmen! Als ich dann plötzlich vor meinen Füßen in Gestalt des Bergmandls den Schlüssel zu meinem Mißverständnis entdeckte, war die Warnung mit einem Mal nicht mehr sinnlos, sondern stimmig: Sie entsprach der Situation. Aber merkwürdig war, daß ich nach der Umschaltung den Satz am Ende nicht nur richtig verstand, sondern faktisch auch richtig gehört hatte. Voraussetzung war natürlich, daß die beiden Fassungen phonetisch und rhythmisch sehr ähnlich klingen: „Fall nicht" klingt wie „Vorsicht", „Berg runter" wie „Bergmandl".

Ich bin nicht sicher, ob diese meine Deutung des Phänomens richtig ist; aber vergessen habe ich die Sache nicht.

Zeichen des Infernos
Walter Jens

Zu hören ohne zu sehen: Das ist eine königliche Kunst.
Alle Kräfte der Phantasie werden entbunden, und die
große Imagination, die Verbildlichung des Unsichtbaren, ist herausgefordert, wenn es gilt, den Stimmen
eines Radiospiels Körperkraft, Mienenspiel und Bewe-
gungsabläufe hinzuzudenken: Ist Schneewittchen pum-
melig? Trägt der Krimi-Schurke einen Bart? Könnte der
Bote ein Jude sein, der König den HIV-Test fürchten?

Geräusche, irgendwo, in der Ferne, aus dem Lautsprecher, auf der Straße, im Treppenhaus – und der Hörer
fängt an zu träumen, macht das Postauto oder die
Schritte der Geliebten aus, das Näherkommen eines
Musikzugs (Warum spielen die Bläser so unrein? Hat
der Lehrer nicht lange genug mit den Trompetern
geübt?), den letzten Straßenbahnzug oder den ersten
Eselsschrei, irgendwo zwischen Ost-Berlin und einer
kleinen griechischen Insel.

Zu hören ohne zu sehen: Das ist zu gleicher Zeit eine
Sinneswahrnehmung, die für uns, die den Krieg erlebt
haben, mit Angst zu tun hat, mit Panik und barem Ent-
setzen. Fünf Jahre lang, Tag für Tag, die Erwartung des
ersten Heultons – jenes jaulenden Signals, das den
Anflug feindlicher Bomberverbände ankündigte. Und
dann, kaum waren die Sirenen verstummt, die Stimme
aus dem Radio: „Es ist mit einem schweren Luftangriff
zu rechnen, alle Rettungskräfte sind schon jetzt aufgefordert …"

Und schließlich, im Luftschutzkeller unter Angst und
Schrecken erlebt, das leise Brummen am Himmel, Verband auf Verband fliegt ein, gefolgt von Detonationen,
die immer näher kommen, ein Krachen und Pfeifen,

Brummen und Sausen ringsum. Danach Totenstille und
die Entwarnung, die doch nur auf den nächsten Heulton
verwies: das Zeichen des Infernos, das zu hören, doch in
den Kellern und Bunkern nicht zu sehen war.

Die königliche Kunst der Phantasie, verwandelt in ein
Instrument der Todesangst: vergessen läßt sich das
nicht.

Ganzohrsein
Günter Kunert

Ein Plädoyer für das Gehör? Nichts ist leichter getan.
Man bedenke doch nur, wieviele visuelle Erscheinungen
sprachlicher Erklärung bedürfen, um überhaupt verständlich zu sein.

Wer zum Beispiel besitzt nicht jene bekannte voyeuri-
stische Erfahrung heimlichen Einblicks in eine fremde
Wohnung und auf lautlos agierende Personen, deren
Tun und Treiben rätselhaft bleibt. Eindeutig bloß die
sexuelle Betätigung, Essen, Trinken, Schlafen; alles
andere erscheint wie Stummfilm ohne Untertitel.

Sogar die Natur, bei der man sich meist „im Bilde"
wähnt, wird uns die Orientierung durch Fehlen von
Geräuschen verweigern: Ohne Gezwitscher, Blättergera-
schel, Windrauschen, Hundegebell, Motorenbrummen,
ohne „normale" oder technisch bedingte akustische
Phänomene bewegten wir uns durch eine Art Wachsfi-
gurenkabinett des Organischen, dem zur Verlebendi-
gung sämtliche Klangfarben ermangelten. Und nicht
zufällig heißt ein Buch über das Ende der Vogelwelt
„Der stumme Frühling" statt „Der flügel- oder federlose
Frühling".

Erst das Gehör animiert unbewußt das Geschaute: So
ist auch die Reaktionsweise des ausschließlich Hörenden
eine andere als die des ausschließlich Beobachtenden.
Die Klänge, Laute, Töne erreichen, unwissenschaftlich
gesagt, auf direkterem Wege unser Inneres. (Das Wört-
chen „Herz" verkneife ich mir.)

Ja – unser Gesichtssinn ist betrügbarer als unser Ohr.
Verfälschte und realitätsverfälschende Bilder nehmen
wir „blindergeben" hin, aber eine falsche Modulation,
eine phonübertriebene Aussage („Wer schreit, hat

Unrecht") wirken wie Warnsignale: Die ganze Skala menschlichen Miteinanders, vom Geflüster bis zum Gebrüll, ist zwischen sechzehn und zwanzigtausend Hertz ausdrückbar — wie die Schauspieler, für die wir uns nicht halten, ansonsten genau wissen.

Nicht zuletzt: Beim Lesen! Seien es Gedichte, Geschichten oder Romane: Wir vernehmen auf wundersame Weise, ohne sie faktisch zu hören, eine Stimme: Die des Autors nämlich, derzufolge wir uns sein Aussehen vorstellen. Lesend schaffen wir uns sein Porträt (das meist irrig ist); ein Umstand immerhin, der sich als Indiz verwenden ließe für den berühmten Satz: Am Anfang war das Wort — und zwar das als Schallwelle geborene und erst später als Zeichen fixierte.

Traumland Kalifornien
Golo Mann

Du liegst in deinem Arbeits- und Schlafzimmer, unter dem Dach deiner Hütte hoch über dem Dorf im Tessiner Gebirge. Du horchst. Sind das Schritte? Nein, es ist das schwere Zubodenfallen der Kastanien.

Dann, von der anderen Seite des Tobels, des Flußes, klagt das Käuzchen, wir kennen den Ton. Klage scheint es nur, in Wirklichkeit ist's die Liebe, aber wie es klingt für uns, darauf kommt es an. „Das Käuzchen lasse ich trauern ..."

Aus seinem Korb tönt das zuverlässige, rhythmische Atmen des Hundes meiner Liebe. Es ist alles in Ordnung, sinnlos, Licht zu zünden. Schlafen wir wieder ein. Leicht zuerst, dann tief.

Wir stehen vor dem Administration-Building meines Colleges in Süd-Kalifornien. Wir stehen unter greller Sonne und fragen: Wie konnte das sein, da wir doch nie, nie wieder hierher wollten? Aber nun sind wir da. Und diesmal wirklich da, wie oft wir es auch schon geträumt hatten.

Ich höre Schritte von drinnen, höre das Öffnen der Türe: der Dekan. Er schüttelt mir freundlich die Hände, aber Bosheit flackert in seinen Augen und schlimm ist, was ich hören muß: „Ihr Unterricht beginnt morgen, wie gewöhnlich um neun Uhr, von neun bis elf für die Anfänger im Griechischen, von elf bis eins für die Fortgeschrittenen."

Das höre ich. Was höre ich? Daß ich Griechisch unterrichten soll, das ich seit vierzig Jahren nicht las, kaum noch die Schrift entziffern kann? Ich ziehe mich in mein Zimmer im Professorenbau zurück, entschlossen, dort zu bleiben.

Aber um zwölf Uhr mittags, geläutet vom Turm der Kathedrale falsch-englischen Stils, treibt es mich ins Freie, ausgerechnet um zwölf! In Gruppen kommen die Schüler mir entgegen, flüchtig an mir vorbei. Nur einen höre ich sagen: „Putzen Sie sich doch die Nase!" Und das gleiche wieder von einem in der nächsten Gruppe. Wirklich ist etwas Feuchtes dort oben, ich suche es zu trocknen.

O weh, die nächste Gruppe sind Lehrer. Die meisten wie die Schüler gekleidet, einer, sehr lang, im blauen Straßenanzug, die Brille auf der Stirne. Dieser zu mir: „Der Präsident erwartet Sie in seinem Büro. Mit dem Zeugnis, das Sie erhalten, wird es Ihnen schwer fallen, eine andere Stellung zu finden."

Die Gruppe geht weiter, ich bleibe stehen. Was soll ich bei dem Präsidenten? Ich habe ja Geld genug. Ich fahre nach Europa zurück. Wie? Das Flugzeug macht mir Angst. Die Schiffe sind mir zu langsam. Bleibt die Eisenbahn, die ist sicher und bequem ...

Ich erwache. Kein Käuzchen mehr. Aber noch das Fallen der Kastanien und die behaglichen, tief zufriedenen Atemzüge des Hundes. Binnen kurzem höre ich die Turmuhr im Dorf fünf Mal schlagen. Bald wird es hell, und dann muß ich aufschreiben, was ich im Traum gehört habe.

119

Eine kleine Nachtmusik
Andrzej Szczypiorski

Mein Atem war pfeifend, er glich ein bißchen dem gebrochenen Klang einer Pikkoloflöte. Immer ein und derselbe Ton, der am Anfang sogar erregend wirkte, nach einiger Zeit aber monoton und langweilig wurde. Eine gute Stunde lang war das der einzige Klang, der in dieser dichten, tiefen Dunkelheit überhaupt existierte.

Später hat sich ihm jedoch ein neuer Klang angeschlossen — das sanfte Rascheln von Stroh unter meinem Körper, wenn ich mich, des Risikos noch unbewußt, bewegen mußte.

Über das Risiko wurde ich genau informiert. Das Risiko beginnt aber im menschlichen Bewußtsein erst dann zu existieren, wenn es zu einem Klang, zu einem Licht oder zu einer Bewegung wird. Ich bewegte mich jedoch überaus vorsichtig, so daß das Strohrascheln kaum hörbar war.

Dann knarrten die Bretter darunter, das war wohl ein Fagott, jedenfalls behielt ich diesen Klang als den eines Fagotts im Gedächtnis.

Zuletzt hörte ich die Regentropfen draußen. Sie bestimmten den Rhythmus, steckten die Zeit ab, die mir noch gegeben wurde. Ihr Klingen brachte die verschiedensten Töne hervor, von denen jeder mit einer eigenen Note bezeichnet wurde.

Die Ketten der Regentropfen glitzerten in der Dunkelheit wie teure Edelsteine, ihr Stakkato wurde immer deutlicher, schließlich hörte ich in ihrem Hintergrund Schritte. Diese Schritte erwartete ich, sie sollten das Thema dieser ganzen Geschichte ausmachen, ohne sie würde die Sinfonie jener Macht gar nicht exisitieren.

Zuerst waren die Schritte unsicher, hohe Stiefel versanken im Schlamm; der Pfad vor der Baracke, früher so sorgfältig gepflegt, damit die Schaftstiefel der SS-Männer ihren stolzen Glanz behalten konnten, war nach dem Regen sumpfig und schlüpfrig geworden.

Jetzt war schon alles vorbei, die Stiefel versanken nun im Schlamm, ich hörte das Glucksen, das Planschen, das Schlürfen, das Schmatzen — endlich hat der Stiefel gegen die Schwelle gestoßen.

Das war ein voller und edler Klang, er ertönte silberhell in mir, es schien mir, das sei der letzte vernehmbare Ton, der mich begleitet, bevor ich in die Ewigkeit versinke … Aber plötzlich sind die Schritte stehengeblieben. Sie kehrten um und entfernte sich langsam. Wieder hörte ich das Schmatzen von Schlamm.

Dann ließen sich nur noch die tönenden Regentropfen hören, der Regen floß in die Rinne. In der Ferne fiel ein Schuß. Sicherlich hat der SS-Mann jemanden in der Dunkelheit ertappt.

Und wieder hörte ich nur den Regen und meinen Atem und das Strohrascheln auf meiner Pritsche, stille Klänge des Lebens, das mir damals durch einen Irrtum, durch Unachtsamkeit, durch ein Versehen geschenkt wurde.

Das ereignete sich nachts am 21. April 1945 im Konzentrationslager Sachsenhausen. Am Tag vorher wurde fast das ganze Lager evakuiert.

Hand am Ohr
Eine Geste

Die alten, unförmigen Hörrohre und -trichter funktio-
nierten im Grunde wie die Hand hinterm Ohr:
Sie konnten den Schall lediglich sammeln, aber nicht
verstärken.

124

Vom Hörrohr zum Mikro-Chip
Klaus Seifert

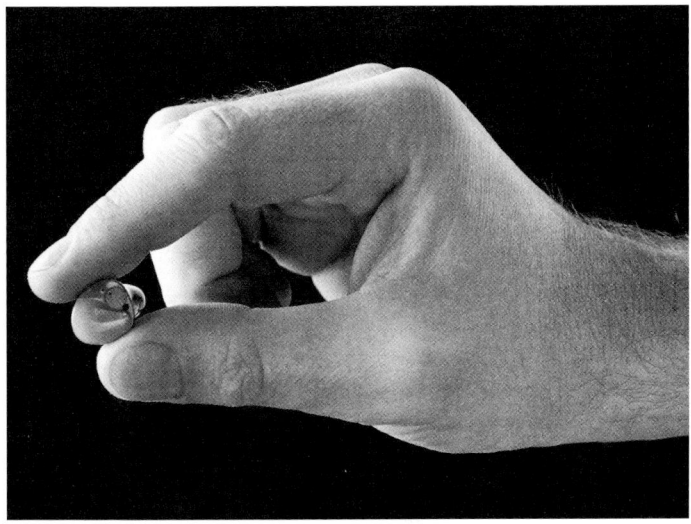

Ein modernes Im-Ohr-Gerät. Obwohl es so winzig ist, daß es fast unsichtbar im Gehörgang Platz findet, besitzt es neben seinen kosmetischen enorme (high)technische Vorzüge: Das Mikrophon sitzt genau dort, wo der Schall ins Ohr eintritt, der magnetische Hörer kann den verstärkten Schall ohne Verfälschung auf das Trommelfell abgeben.

Die einfachste Hörhilfe kennt jeder: Wollen wir etwas genau hören, das sehr leise oder weit entfernt scheint, so legen wir die Hand hinter die Ohrmuschel, vergrößern so unseren Ohreingang, sammeln damit mehr Schall und haben wirklich einen gewissen Hörgewinn.
 Nach demselben Prinzip waren auch die älteren Hörhilfen gebaut: Trichterförmige Blechansätze, gerade

oder mehrfach gekrümmt, aus Kupfer, Messing oder Bronze, können, in das Ohr gesteckt, den Schall etwas lauter werden lassen; gute Konstruktionen zeigen eine heute durchaus meßbare Hörverbesserung. Bei Beethoven, dem frühzeitig schwerhörigen Schöpfer unvergänglicher Musik, kennen wir eine ganze Sammlung solcher Geräte; sie konnten ihm allerdings bei seiner bis zur vollständigen Ertaubung fortschreitenden Schwerhörigkeit nur vorübergehend eine Hilfe sein. Die wohl größten Geräte verwendete vor etwa 100 Jahren die englische Königin Victoria: Sie hatte sich die Armlehnen ihres Sessels in Form riesiger Trichter ausbauen lassen, die in dünne Hörschläuche mündeten.

Alle diese Vorrichtungen, die Hand hinter dem Ohr ebenso wie die Hör-Rohre und Hör-Trichter, sind lediglich Schallsammler. Eine wirkliche Verstärkung des Schalles wurde erst möglich mit der Beherrschung der elektrischen Energie und mit der wegweisenden Erfindung des Telefons, mit Mikrofon, Röhren-Verstärker und Hörer.

Was lag näher, als diese Technik auch für den Schwerhörigen zu nutzen? Genauso sahen sie dann auch aus, die elektrischen Hörhilfen in den 20er und 30er Jahren unseres ersten Jahrhunderts: klobige, telefon-ähnliche Kohle-Mikrofone, zigarrenkisten-große, auf dem Tische stehende Verstärker mit Radio-Röhren, und massige Kopfhörer.

Die Entwicklung zum tragbaren „Taschengerät" mit kleineren Radioröhren, mit kleinerem Mikrofon und vor allem mit einem im Ohr zu tragenden magnetischen Hörer dauerte Jahrzehnte und konnte nur eine Zwischenlösung sein. Denn auch diese Geräte litten unter dem Manko eines enormen Energieverbrauchs, brauchten große und schwere Batterien. Erst nach 1950 gelang es, die stromfressenden Röhren durch Transistoren zu ersetzen, die mit einem Zwanzigstel der elektrischen Energie auskommen und viel kleiner, leichter und dauerhafter sind.

Mit diesem ersten Schritt in die moderne Elektronik

begann eine atemberaubende Entwicklung der Hörgeräte unter den Vorzeichen „kleiner", „sparsamer",
„zuverlässiger" und vor allem „besser".

Von den ersten volltransistorisierten Taschengeräten
in den frühen 50iger Jahren ging der Weg schnell weiter
zu den ersten sogenannten HdO-Geräten um 1960: Das
sind Hörgeräte, die hinter dem Ohr getragen werden
können, deren kleines Mikrofon am oberen Rand der
Ohrmuschel liegt, also schon recht nahe dem natürlichen Schalleintritt in das Ohr. Das seit 20 Jahren übliche Elektret-Mikrofon wurde mit der Zeit immer lei-
stungsfähiger: Obwohl ständig weiter verkleinert,
wurde es immer stabiler und zuverlässiger, bei fast idea-
ler Schallverarbeitung.

Als Sonderform des HdO-Gerätes erschien auch bald
die Hörbrille, bei der das Hörgerät mit seinem Mikrofon
in den Brillenbügel eingebaut war. Sie ist heute ersetzt
durch stabilere HdO-Geräte, die mit Adaptern an jeden
Brillenbügel montiert werden können. Taschengeräte
werden heute nur noch für sehr seltene Sonderfälle
genutzt.

Die konsequente Weiterentwicklung zu immer
kleineren Bauteilen machte es schließlich möglich, das
ganze Hörgerät in der Ohrmuschel unterzubringen als
sogenanntes Im-Ohr-Gerät (IdO-Hörgerät), im Idealfall
sogar ganz im Gehörgang (Gehörgangs-IdO-Gerät).

Seit etwa zehn Jahren erscheint der Vormarsch der
Im-Ohr-Geräte unaufhaltsam. Sie sind nicht nur kleiner
und leichter als HdO-Geräte, als Gehörgangsgeräte
sogar fast unsichtbar und damit kosmetisch vorteilhaf-
ter, sie sind vor allem auch elektroakustisch und audio-
logisch am günstigsten: Das eingebaute Mikrofon liegt
nicht wie beim Taschengerät weit weg vom Ohr
irgendwo im Brustbereich oder wie beim HdO-Gerät
und der Hörbrille hinter dem Ohr, sondern direkt im
Gehörgangseingang, also wirklich dort, wo der Schall
normal ins Ohr eintritt. Und nur beim Im-Ohr-Gerät
kann auch die Ohrmuschel als natürlicher Schallverstär-
ker wirken und das Richtungshören unterstützen.

Zudem liegt der Hörer beim Im-Ohr-Gerät tief im Gehörgang und kann den verstärkten Schall ohne verfälschende Überleitung direkt auf das Trommelfell abgeben.

Die immer weitergehende Verkleinerung der Hörgeräte bis hin zum Gehörgangsgerät hat aber natürlich nicht nur Vorteile. Die Handhabung der immer kleiner gewordenen HdO-Geräte und besonders der IdO-Geräte ist vor allem für viele alte Menschen ein Problem. Der Hörgeräte-Industrie ist es aber neuerdings gelungen, mit etwa scheckkartengroßen Fernbedienungsgeräten, die mit Ultraschall, Infrarot oder UKW arbeiten, für viele HdO- und IdO-Typen eine Verbesserung zu schaffen.

Das Im-Ohr-Gerät kann auch noch lange nicht alles an Verstärkungs- und Regelungs-Leistung, an Einstellmöglichkeiten und Zuverlässigkeit bieten wie das HdO-Gerät. Ferner sind Herstellung und Reparaturen beim Im-Ohr-Gerät aufwendiger und darum teurer. Trotzdem hat es in manchen Ländern bereits einen Anteil von 60 bis 80 Prozent erreicht; in den Altländern der Bundesrepublik sind 25 bis 30 Prozent der neuangepaßten Hörgeräte Im-Ohr-Geräte.

Nicht nur immer kleiner sind die Hörgeräte geworden, mit immer weiter integrierten Schaltungen und immer leistungsfähigeren Verstärkern, sondern auch immer sparsamer im Stromverbrauch; die Klein- und Kleinst-Batterien erlauben heute eine weitgehend problemfreie Energieversorgung für durchschnittlich 10-14 Tage. Auch recht zuverlässig sind sie inzwischen und immer weniger reparaturanfällig. Im Durchschnitt sechs Jahre Lebensdauer bei täglichem Gebrauch über 12 bis 15 Stunden sind für ein technisches Produkt durchaus respektabel. Die entscheidende Verbesserung gegenüber früher liegt aber woanders.

Kehren wir noch mal kurz zurück zum Hörgerät der 20er und 30er Jahre, dem telefonähnlichen Kasten mit Radioröhren und Kopfhörern. Diese Geräte konnten von vornherein nur dazu gedacht sein, den mit dem Mikrofon aufgenommenen Schall einfach zu verstärken, möglichst gleichmäßig in allen Frequenzen, d. h. möglichst wenig „verzerrt", um ihn dann gleichmäßig lauter von den Kopfhörern abzustrahlen. Genauso arbeitet ja auch heute noch die Mikrofonanlage in einem Vortragssaal, die schließlich nichts weiter zu leisten hat, als die Vortragsrede möglichst unverzerrt, „linear" laut-verstärkt über die Lautsprecher abzustrahlen. Ohne Probleme können dabei die Lautsprecher durch Kopfhörer für das individuelle Mithören ersetzt werden.

Das gleiche technische Konzept galt noch für die Taschen-Hörgeräte bis etwa 1950. Das Problem für den Schwerhörigen war dabei weniger die Tatsache, daß diese Geräte von einer verzerrungsarmen linearen Verstärkung weit entfernt blieben und ihre Tonwiedergabe mindestens genauso quäkig war wie die der damaligen Schallplatten und Rundfunkgeräte. Das Problem der Schwerhörigen war und ist vielmehr, daß nur in seltenen Ausnahmefällen eine Schwerhörigkeit durch eine „lineare", in allen Frequenzen gleichmäßige Verstärkung sinnvoll auszugleichen ist.

Bei weit über 90 Prozent der Schwerhörigkeiten sind die auszugleichenden Hörverluste in den Frequenzen unterschiedlich, bei den hohen Frequenzen („Tönen") meistens am stärksten, weniger stark bei den mittelhohen und am geringsten bei den tiefen Frequenzen; nicht selten werden tiefe Töne noch völlig normal gehört, während die hohen schon weitgehend verloren gegangen sind.

Bei linearer Verstärkung wäre es bei den tiefen Tönen sehr bald viel zu laut, ohne daß eine merkliche Verbesserung für die hohen Töne schon zu vermerken wäre. Das Hörgerät muß also zum Beispiel durch Tonblenden, Filter oder andere Veränderungen (z. B. Paßstückbohrungen) so angepaßt werden können, daß die tiefen Töne gar nicht, die mittleren wenig und die hohen am meisten verstärkt wiedergegeben werden.

Problematisch ist dabei in den meisten Fällen, daß in den Frequenzen mit dem stärksten Hörverlust, in denen also erst laute Töne überhaupt gehört werden, gleichzeitig die Empfindlichkeit gegenüber zu lautem Schall unverändert oder gar verstärkt ist (sogen. Recruitment). Das heißt, der Bereich vom gerade eben gehörten Schall bis zur Grenze des erträglichen Schalles (sogen. Dynamikbreite) ist deutlich eingeengt gerade in den Frequenzen, in denen viel Verstärkung notwendig ist.

Die moderne Hörgeräte-Technik arbeitet hier mit einer automatischen Sicherheitsbegrenzung, die vor Erreichen der Obergrenze, der sogenannten Unbehaglichkeitsschwelle, den lauten Tönen die Spitze kappt (PC = Peak Clipping). Besser − und in modernen Geräten in der Regel unentbehrlich − ist daneben eine automatische elektronische Kompression, die den Bereich von „leise" bis „sehr laut" zusammendrückt (komprimiert) auf die sogenannte eingeengte Dynamikbreite (AGC = Automatic Gain Control).

Ein modernes Hörgerät muß also den Schall nicht nur verstärken, das heißt „lauter machen", sondern ihn vor allem auch „bearbeiten", um einen möglichst guten Effekt am geschädigten, am schwerhörigen Ohr zu erreichen. Erst dadurch wird aus dem Hör-Gerät mehr und mehr ein Versteh-Gerät: Für den Schwerhörigen ist nicht wichtig, daß er etwas lauter hört, sondern daß der Nutzschall, das heißt die Sprache seiner Mitmenschen, so „aufbereitet" ist, daß sie für ihn wieder verständlich wird.

Das Hörgerät muß also eine Art Verzerrung bewirken, die der Verzerrung im geschädigten Ohr gewissermaßen spiegelbildlich entgegenwirkt. Und dabei darf das Hörgerät für das übernormal lärmempfindliche geschädigte Ohr niemals zu laut werden. Sonst wird es unerträglich, wird abgeschaltet und landet in der Nachttischschublade.

Ein modernes Hörgerät hat darüber hinaus in der Regel noch eine elektronisch vorwählbare Grundverstärkung (GC = Gain Control) und damit eine Reserve für den nicht seltenen Fall, daß die Schwerhörigkeit im Laufe der Jahre zunimmt. GC, PC, ein oder zwei Tonblenden und AGC (oft zweifach ausgelegt als eingangs-

und ausgangsgesteuerte Regelung) machen solch ein modernes Gerät sehr variabel und erleichtern dem Hörgeräte-Akustiker die möglichst genaue Anpassung an die individuelle, nicht selten auch noch auf beiden Ohren unterschiedliche Schwerhörigkeit.

Weitere laufende Verbesserungen der Elektronik, wie Verminderung des Eigenrauschens, spannungsstabile Schaltungen, die besonders verzerrungsarme PP-Schaltung für stärkere Geräte, die aktive Tonblende oder Klangwaage, besondere Filter und so weiter, seien hier nur am Rande erwähnt. Alle diese Verbesserungen und die große Anpassungsvariabilität der Geräte bewirken schließlich, daß das Hörgerät immer angenehmer und natürlicher, immer weniger „fremd" klingt, immer weniger störend empfunden wird und schrittweise nach Gewöhnung weiter angepaßt werden kann, mit zunehmendem Gewinn an Sprachverstehen. Darin liegt die entscheidende Verbesserung der heutigen Hörgeräte gegenüber den früheren. Sie sind heute wirklich besser als noch vor wenigen Jahren.

Im Gegensatz zur rasanten Entwicklung der Hörgeräte ist die Fortentwicklung der Rechtsgrundlagen einer Hörgeräte-Verordnung in der Gesetzlichen Krankenversicherung hierzulande eher schleppend verlaufen. So wurde erst Anfang 1989 die beidohrige Hörgeräte-Versorgung als Regelversorgung für alle geeigneten Fälle festgeschrieben, obwohl seit Jahren in der Audiologie unbestritten ist, daß nur beidohriges Hören befriedigende Hör-Leistung erbringen kann, daß also die Möglichkeiten der Hörverbesserung mit Hörgeräten auch nur bei beidohriger Versorgung voll genutzt werden können.

Als Folge der jahrelangen Rechtsunsicherheit ist die beidohrige Versorgung in der Bundesrepublik Deutschland immer noch eher die Ausnahme (8 % der Hörgeräteträger in den alten Ländern der BRD, 26-28 % in der EG, 45-50 % in den USA). Hier ist Umdenken nötig. Bei beidohriger Schwerhörigkeit sollte die Hörgeräte-Versorgung für beide Ohren genauso selbstverständlich

131

werden wie es bei beidäugiger Fehlsichtigkeit die Brillenkorrektur für beide Augen längst ist.

Eine andere Art des Umdenkens beeinflußt zumindest auf kleinen Sektoren die Weiterentwicklung des Hörgerätes: Wurde das Hörgerät bislang überwiegend versteckt getragen, sollte es möglichst unsichtbar sein als ungeliebte Prothese, so zeigen neuerdings andere Entwicklungen einen Zug zum technikfreundlichen Design (Siemens Stratos), zum Schmuck-verbundenen Hörgerät oder auch zum poppigen Erscheinungsbild. Eine ähnliche Entwicklung wie bei der modisch akzeptierten und akzentuierten Brille könnte hier ihren Anfang nehmen.

Aber auch die technische Entwicklung muß mit völlig neuen Konzepten und Lösungen weit über die Perfektionierung der bisherigen Hörgeräte-Technik hinaus gehen, und sie tut es.

Eines der größten Probleme für den Hörgeräteträger ist die Mitverstärkung von störendem Umgebungsgeräusch oder Lärm durch das Hörgerät. Selbst bei Hörgeräten mit gut funktionierender AGC und PC hat es das geschädigte Ohr viel schwerer, mit Störlärm fertig zu werden, als das normale Ohr. Seit einigen Jahren werden darum zunehmend Hörgeräte verwendet, die entweder von Hand umzuschalten sind auf eine Unterdrückung von Störschall oder, noch besser, dies automatisch leisten können. Die bislang beste Lösung ist ein zweikanaliges Hörgerät, das den vorwiegend im Tieftonbereich einfallenden Störlärm durch eine automatische Kompression im Tieftonkanal unterdrückt, ohne den für das Sprachverstehen wesentlichen Hochtonkanal zu beeinflussen.

Ein anderes Konzept, das zunehmend an Bedeutung gewinnt, ist das „Multi-Memory-System". Ein solches Hörgerät hat mehrere, in der Regel vier unterschiedliche Einstellungen, die je nach Situation vom Hörgeräteträger angewählt werden können. Zum Beispiel eine Einstellung für normalen Alltagsbetrieb, eine besonders breitbandige und ungedämpfte für das Hören von Musik, eine tieftongedämpfte für laute Umgebung

132

(Party-Lärm) und eine Einstellung für extreme Lärm-
situationen (Hauptverkehrsstraße, Bahnhof usw.), mit
starker Dämpfung der tiefen Frequenzen, hoher Kom-
pressions- und PC-Wirkung auch im Hochtonbereich.
Das Hörgerät, das alle diese unterschiedlichen Bela-
stungen automatisch befriedigend abfangen kann, ist
ein bis heute unerreichtes Ziel. Auf dem Wege dahin
führt sicherlich die Entwicklung digital programmier-
barer Hörgeräte weiter. Bei ihnen wird die Vielzahl der
möglichen Einstellparameter durch eine Computer-
steuerung übernommen und sinnvoll umgesetzt; zum
Beispiel bei einem einkanaligen, digital programmierbaren HdO-Gerät in 1,7 Millionen verschiedenen Kombinationen.
Die jüngste Entwicklung ist das dreikanalige, digital
programmierbare Gerät (PMC) mit jeweils unabhängiger
AGC in jedem Kanal. Im Tieftonkanal entspricht diese
„Automatic Gain Control" etwa einer automatischen
Störschallunterdrückung, der Hochtonkanal mit der
meistens unvermeidlichen hohen Kompression beeinflußt nicht den für das Sprachverstehen wichtigsten
Mitteltonbereich; eine viel geringere Kompression
erlaubt hier die volle Ausnützung der verbliebenen
Dynamik. Unabhängige Tonblenden, verschiebbare
Filtergrenzen sowie die jederzeit mögliche Änderung
der Einstellung mit Hilfe des Programmier-Computers
ermöglichen eine so weitgehend individuelle Einstellung, wie sie mit der Analog-Technik niemals auch nur
denkbar war.
Herzstück dieser digital programmierbaren Geräte ist
der Microchip, die hochintegrierte Schaltung, die man
für diese Geräte eigens für viel Geld entwickelt hat. Die
Entwicklungskosten für das erste digital programmierbare Einkanal-HdO-Gerät werden von der Hersteller-
firma mit über zehn Millionen Mark angegeben, davon
über fünf Millionen allein für den Microchip. Wen
wundert es da, daß solche Hörgeräte heute noch sehr
teuer sind?
Bedenken wir aber die Komplexität der Schäden des

schwerhörigen Innenohres, das eben nicht nur schwer hört, sondern vor allem auch falsch, so kann kein Zweifel bestehen, daß nur die moderne Mikroelektronik mit ihren fast unbegrenzten Steuerungs- und Kombinationsmöglichkeiten weiter führen kann zum „idealen" Hörgerät.

Ideal wäre das Hörgerät, das über die frequenz- und dynamik-spezifische Verstärkung hinaus auch die anderen Komponenten der Fehlhörigkeit erkennen und durch Bearbeitung des Schalls ausgleichen kann, als da sind ein vermindertes Zeitauflösungsverfahren, eine verminderte Frequenzselektivität und das pathologische Adaptionsverhalten des geschädigten Innenohrs.

Ein solches Hörgerät könnte uns dem heute noch unerreichbaren Ziel nahebringen, das Sprachverstehen im geschädigten Hörorgan nicht nur zu verbessern, sondern wieder fast normal werden zu lassen. Es wird, so viel steht fest, eine digitale Signalverarbeitung haben müssen, nicht bloß eine digitale Programmierung.

Die Entwicklungsarbeiten für solche Geräte laufen. Aber es wird wohl noch einige Jahre dauern, bis wir über das „ideale" Hörgerät verfügen können.

Schwerhörigkeit — das letzte Tabu?
Thomas Glaue

Ein erstaunliches Phänomen beschäftigt immer wieder Ärzte, Psychologen, Soziologen und Gesundheitsforscher: 11,3 Millionen Westdeutsche leiden nach einer Untersuchung des Deutschen Grünen Kreuzes aus dem Jahr 1985 unter Beeinträchtigungen des wichtigsten menschlichen Kommunikationsorgans, des Gehörs. Aber nur 1,3 Millionen wagen es, ein Hörgerät zu tragen.

Das erstaunliche Phänomen wird geradezu absurd, wenn man sich klar macht, daß fast die halbe erwachsene Bevölkerung sehbehindert ist — aber ohne Anstand eine Brille trägt. Ist Schwerhörigkeit also eines der letzten Tabus unserer angeblich so aufgeklärten Industriegesellschaft? Oder warum sonst versuchen so viele Schwerhörige ihre Behinderung zu verbergen und nehmen lieber Jahre des Leidens und der gesellschaftlichen Isolierung auf sich, statt sich rechtzeitig helfen zu lassen?

„Ganz offensichtlich ist Schwerhörigkeit eine der am meisten verkannten menschlichen Behinderungen", meint der Psychologe am Klinikum der Frankfurter Universität, Dr. Werner Richtberg. Tabu, tump, dumpf, dumm: Während der Blinde das Mitgefühl seiner Umgebung besitzt, gilt der Taube als kontaktarm, ja als geistig minderbemittelt.

Richtberg sieht den Hauptgrund für das sich selbst benachteiligende Verhalten so vieler Schwerhöriger in der Furcht vor der gesellschaftlichen Stigmatisierung: „So lebt der sein Leiden verheimlichende Schwerhörige immer in der Rolle des ,Diskreditierbaren', weil sein Verhalten ... von der Umwelt falsch verstanden oder motivisch mißdeutet werden kann. Im günstigsten Fall vielleicht nur als Ausdruck von Sturheit oder Desinteresse, oft aber auch als Zeichen geistiger oder charakterlicher Minderwertigkeit, mit der Folge des Linksliegen-gelassen Werdens."

Diese Furcht vor der gesellschaftlichen Achtung mag in den Zeiten des Hörrohrs noch einige Berechtigung gehabt haben. Ludwig van Beethoven hat in seinem „Heiligenstädter Testament" ausführlich beschrieben, wie er lieber den „störrischen, feindseligen und misanthropischen" Alten spielte, als sich zu seiner Schwerhörigkeit zu bekennen.

Doch in den Zeiten des Walk-man müßte die Furcht des Hörgeräteträgers vor der Stigmatisierung eigentlich vorbei sein. Zumal die technische Revolution des Mikro-Chips dafür gesorgt hat, daß die Hörgeräte heute so winzig sind, daß sie nahezu unsichtbar im Gehörgang Platz finden, dabei aber so effektiv, daß fast alle, die sich dieses elektronischen Hilfsmittels bedienen, damit rundum zufrieden sind: Nach einer Untersuchung der Philipps-Universität Marburg aus dem Jahr 1990 empfinden 82 Prozent der Befragten ihr Hörgerät als „deutlich hilfreich" oder „sehr hilfreich".

Wenn sich trotzdem heute immer noch so wenige zu ihren Hörproblemen bekennen, geschweige denn bereit sind, daraus die notwendigen Konsequenzen zu ziehen, so hat das zunächst einmal sicher allgemein menschliche Gründe: Wir neigen dazu, das Unangenehme zu verdrängen. Was bei der Schwerhörigkeit schon deshalb besonders leicht fällt, weil sie meist langsam-schleichend und ohne Schmerz daher kommt.

Der Hauptgrund ist aber wohl nach wie vor ein gesellschaftlicher: Das Hörbewußtsein der Bevölkerung ist stark unterentwickelt. Während die Sehhilfe, auch Brille genannt, heute geradezu als intellektuelles Schmuckstück betrachtet wird, gilt die Hörhilfe, auch Hörgerät genannt, häufig immer noch als lästiges medizinisches Hilfsgerät und notwendiges Übel.

Dabei lassen die wachsende Umweltbelastung durch Lärm und die Umkehrung der Alterspyramide für die nächsten Jahrzehnte eine rapide Zunahme von Lärm-

und Altersschwerhörigkeit erwarten. Unsere Gesellschaft wird also nicht darum herumkommen, sich künftig mit diesem Problem intensiver, vor allem aber vernünftiger als bisher auseinanderzusetzen.

Was das gute Beispiel von Meinungsführern und Meinungsbildern zur Enttabuisierung beitragen kann, hat in den USA Ex-Präsident Ronald Reagan bewiesen, der es nahezu im Alleingang und geradezu show-spielerisch geschafft hat, Hörgeräte populär und selbstverständlich zu machen.

Der ehemalige Western-Filmheld bekannte sich Mitte der achziger Jahre öffentlich zu seiner Schwerhörigkeit (angebliche Folge eines dicht an seinem rechten Ohr abgefeuerten Colts). Bald wußte jeder in Amerika und dann die ganze Welt, daß der damals „mächtigste Mann der Welt" zwei „Im-Ohr-Geräte" trug (übrigens aus deutscher Produktion) – und niemand fand etwas dabei.

Im Gegenteil, Ronald Reagan wurde für seinen vorbildlichen Mut gelobt und gefeiert. So verlieh ihm zum Beispiel eine deutsche Delegation die „Alexander-Graham-Bell Medaille" in Gold: für sein persönliches Beispiel, mit dem er eine weltweite Botschaft der Hoffnung und Ermutigung an Millionen Menschen mit Hörproblemen übermittelte".

Von diesen amerikanischen Zuständen des unverkrampften Umgangs mit dem Phänomen Schwerhörigkeit sind wir in der Alten Welt noch weit entfernt. Immerhin, auch bei uns gibt es ermutigende Anzeichen einer beginnenden Entkrampfung.

So bekannte sich unlängst der als eitel bekannte Gründer und langjährige Herausgeber des „Stern", Henri Nannen, als erster prominenter Deutscher öffentlich zum Tragen eines Hörgeräts, und das in einer Werbeanzeige, der ersten und (bisher) einzigen seines Lebens.

Damit hatte Henri Nannen nicht nur das Tabu gebrochen, sondern auch den anderen den Weg gezeigt, wie man mit einem Hörproblem umgeht: „Nun trage ich endlich mein Hörgerät – eben weil ich ganz schön eitel bin. Denn nun bin ich wieder bei allem dabei."

RICHARD WAGNER, par GILL.

Die Kunst, zu hören
Karlheinz Stockhausen

Die Kunst, zu hören ist wenig geübt. Man hat immer seltener Gelegenheit, ein Werk neuer Musik mehrmals in Konzerten zu hören, und nur wenige machen sich die Arbeit, ein auf Schallplatte oder Tonband aufgenommenes Werk immer wieder zu hören, bis sie es wirklich kennen.

Wir haben ein Verhältnis zur Musik erreicht, das sehr oberflächlich geworden ist. Sie wissen ja, daß die Tendenz schon seit einiger Zeit dahin geht, Musik solle eigentlich nur zur Unterhaltung dienen und nicht etwa dazu, eine Kunst zu lernen, zum Beispiel die Kunst, zu hören.

Immer schon gab es in der Kunstmusik viel mehr zu hören, als man hören konnte. Es gehört sogar wesentlich zur Kunstmusik, daß in einem Werk mehr geschieht, als man im Moment des Hörens bewußt wahrnehmen kann. Die einzelnen Töne gehen zum Teil so schnell an einem vorbei, daß man sie als einzelne nicht wahrnimmt. Die meisten Menschen können auch einzelne Töne nicht genau wahrnehmen, sondern nur ungefähr, weil sie weder ein absolutes noch ein relatives Gehör haben. Dennoch sind ja diese Töne absolut notiert und gespielt. Auch haben die meisten Hörer keine Begriffe gelernt für die Abstände zwischen Tonhöhen und für die Unterschiede von Zeitdauern. Sie haben einfach keine Worte dafür, also auch keine Möglichkeit der bewußten Wahrnehmung von Melodien, Rhythmen, Lautstärkekurven, Klangfarbenreihen, Raumfiguren.

Da die Wahrnehmung von Musik meistens sehr oberflächlich ist, meinen viele, Musik genau zu hören sei nur eine Sache für Fachleute. Das ist aber gewiß nicht so, denn die Musik ist für alle da, für jeden. Und zwar alle Musik.

Es hat Zeiten gegeben, in denen die Kunst des Hörens nur für bestimmte Menschen einübbar und ständig trainierbar war, weil nur diese Menschen Zugang zu musikalischen Aufführungen hatten. Das ist aber — Gott sei Dank — heute anders.

Jeder, der will, kann in Konzerte gehen, Rundfunk hören, kann sich gute Schallplatten kaufen oder ausleihen oder zu einem Freund gehen und sagen, „ich möchte hören, welche Musik Du hast"; er kann sich Kopfhörer besorgen und Musik bis in die feinsten Einzelheiten unbegrenzt oft hören.

Deshalb sollte man eigentlich annehmen, daß sich die Kunst des Hörens mehr und mehr entwickelt. Man muß sie regelmäßig üben, wenn man wirklich in die Tiefe der Musik eindringen will.

Die heutige Mode, alles erklären zu wollen, alles zu pädagogischen Zwecken zu benutzen, unterstützt natürlich auch die intellektuelle Wahrnehmung von Musik. Das heißt nicht, daß wir heutzutage mehr fähige Menschen hätten, die über das Intellektuelle hinaus musikalische Qualität wahrnehmen könnten; denn das verlangt ja noch zusätzlich einen besonders entwickelten Sinn, den man auch ständig üben muß, um Grade von Schönheit, Vollkommenheit, Originalität, Gedanken- und Phantasiereichtum in einem Werk zu erkennen.

Die ästhetischen Qualitäten sind zwar für jeden Hörer verschieden, seinem eigenen Entwicklungsgang gemäß; gründet sich doch ein solches ästhetisches Bewußtsein auf mehr oder weniger Erfahrung, Disziplin, Fleiß, Bildung und nicht zuletzt auf eine Musikalität, die man als Talent mitbekommen hat.

Dennoch ist es eine Wahrheit, daß das Erkennen musikalischer Qualität trotz aller Subjektivität bei verwandten Geistern aus einem gemeinsamen Schönheitssinn hervorgeht, und die unvergeßlichen Momente unserer musikalischen Kultur sind eben die einer gemeinsamen musikalischen Ergriffenheit.

Was ein Kunststück zu einem Kunstwerk macht, muß jeder für sich selbst entdecken.

Es gibt eine geheimnisvolle Kraft in der Musik, sich einzuprägen im Geiste, auch wenn der Verstand ganz andere Wege geht.

Also ist die Analyse ein Schritt zum Verstehen und *die Kunst, zu hören* unumgänglich, wenn man sich bewußt durch Musik weiterbilden will.

Ganz gewiß ist Musik das sublimste Mittel, unsere geistigen Fähigkeiten in einer allgemeingültigen, abstrakten Weise auszubilden; nämlich, Schwingungen und Schwingungsverhältnisse, Organismen und Prozesse von Schwingungen wahrzunehmen, um zunehmend wacher, intelligenter, gedankenreicher, polyphoner, gefühlsreicher und feinfühliger zu werden.

Das Entscheidende beim Hören einer Komposition ist, was sich in dieser speziellen, einmaligen musikalischen Welt im Einzelnen und als Prozeß ereignet und was man sich buchstäblich erhört.

Wenn nach gemeinsamem Hören der Eine sagt, er habe das Werk „schön gefunden", und der Andere, es sei „zu simpel", und der Dritte, er fände es „zu lang" – und so weiter –, so bedeutet das nichts anderes, als daß Hörer ihre Visitenkarten austauschen, sich selbst beschreiben, ihre Probleme, ihre Fähigkeiten, ihren Geschmack. Die Musik muß dafür herhalten, was jeder über sich selbst aussagen will; das ist ja auch wichtig und sinnvoll. Und doch können einige wenige Werke manchmal aus diesem Dschungel von Meinungen herausführen.

4' 33"
John Cage

NOTE: THE TITLE OF THIS WORK IS THE TOTAL LENGTH IN MINUTES AND SECONDS OF ITS PERFORMANCE. AT WOODSTOCK, N.Y., AUGUST 29. 1952, THE TITLE WAS 4'33" AND THE THREE PARTS WERE 33", 2'40", AND 1'20". IT WAS PERFORMED BY DAVID TUDOR, PIANIST, WHO INDICATED THE BEGINNINGS OF PARTS BY CLOSING, THE ENDINGS BY OPENING, THE KEYBOARD LID. AFTER THE WOODSTOCK PERFORMANCE, A COPY IN PROPORTIONAL NOTATION WAS MADE FOR IRWIN KREMEN. IN IT THE TIMELENGTHS OF THE MOVEMENTS WERE 30", 2'23", AND 1'40". HOWEVER, THE WORK MAY BE PERFORMED BY ANY INSTRUMENTALIST(S) AND THE MOVEMENTS MAY LAST ANY LENGTHS OF TIME.

FOR IRWIN KREMEN

Aus: EP 6777, © *1952 by C. F. Peters Corporation, New York.*

I

TACET

II

TACET

III

TACET

Die müden Mönche
Alfred A. Tomatis

Vor einigen Jahren wurde ich in ein Benediktinerkloster
gerufen. Etwa neunzig Mönche lebten dort und alle
waren in kurzer Zeit todmüde geworden. Das war während der 68er Revolte, die auch dieses Kloster nicht
unberührt gelassen hatte. Die Mönche hatten ihren traditionellen Tagesablauf verlassen und das stundenlange
Singen von Chorälen aufgegeben, um, wie sie glaubten,
dadurch mehr Zeit zu haben für andere Arbeiten.

Die Folge war eine allgemeine große Müdigkeit, und
sie haben sich gefragt, warum? Da die Benediktiner
gewöhnlich wenig schlafen, glaubten sie, sie hätten zu
wenig Schlaf gehabt — und beschlossen länger zu schlafen. Aber man weiß ja: Je mehr man schläft, desto
kaputter fühlt man sich.

Als die Mönche immer müder und müder wurden,
wandten sie sich an Ärzte, und die haben gesagt:
„Natürlich seid ihr müde, weil ihr euch falsch ernährt,
weil ihr Vegetarier seid." Da haben die Mönche angefangen, sich wie alle anderen zu ernähren — und wurden
noch müder.

Als ich im Februar im Kloster ankam, traf ich mindestens siebzig Mönche, die völlig apathisch waren, die
nicht sangen und nicht aus dem Bett kamen. Etwa bis
Juni hat es gedauert, bis ich alle untersucht hatte.

Dann habe ich dort meine „Elektronischen Ohren"
aufgebaut. Das sind Apparaturen, die das Verlangen zu
hören wiederbeleben, die das Gehirn mit neuer Energie
versorgen. Mit dem Ergebnis, daß im November acht-
undsechzig von siebzig wieder auf den Beinen waren —
und wieder sangen. Die restlichen zwei litten unter
Schizophrenie und mußten in eine psychiatrische Klinik.

Der Gesang ist das Natürlichste von der Welt. Im Grunde müßte jeder singen. Singen ist eine absolute Notwendigkeit für das Gehirn. Denn die Klänge, die Töne haben mehrere Wirkungen: Das Innenohr ist eine Art Aufladegerät, das quasi das Gehirn mit Energie beliefert. Es öffnet das Bewußtseinsfeld, schließlich bringt es uns ins Gleichgewicht und nötigt uns zu einer perfekten aufrechten Haltung. Und wenn die aufrechte Haltung stimmt, dann organisieren sich auch Skelett und Muskeln optimal.

Der Gesang läßt den Körper zu einer Art Resonanzkörper werden, die Vibrationen stimulieren nahezu alle Körperfunktionen. So entsteht eine sehr viel größere Vitalität. Bei fast allen religiösen Übungen, die das Sprechen verbieten, wird auf jeden Fall vorgeschrieben zu singen. Überall dort, wo man aufgehört hat zu singen, haben meines Wissens die Klöster zugemacht.

„In der Philharmonie", Gemälde von Max Liebermann, 1911

Die Orchesterprobe
Richard Friedenthal

„Sie sind Österreicher, Herr Traeg?", fragte der Harris
Tweed.

„Wenn Sie wollen", erwiderte der Dirigent. „Ich bin in
Prag geboren, ich habe in Wien studiert, aber dann bin
ich nach Berlin gegangen."

„Ich weiß, ich erinnere mich genau. Sie haben doch in
der Philharmonie, in der Krolloper …"

„Ich habe zweimal in der Philharmonie dirigiert, und
Klemperer hat mich ein paarmal alternieren lassen. Das
war alles, 1932. Dann hörte es für mich auf, wie für
viele. Es ist nicht einfach, wenn man nicht zu den ganz
großen Namen gehört …"

„Noch nicht, Maestro, noch nicht."

„Nennen Sie mich nicht Maestro, mein Lieber. Ich
habe mich als Korrepetitor durchgeschlagen, und auch
das wurde mir nicht gerade leicht gemacht. Ich habe
Operetten instrumentiert, Arrangements für Kaffeehaus-
kapellen gemacht …"

„Nun, auch Wagner hat doch wohl für Moritz
Schlesinger in Paris einige Donizetti-Opern ausge-
zogen."

„Danke! Ich bin aber kein Wagner. Schott hatte von
mir eine Passacaglia verlegt; eine symphonische Etude
war im Druck. Das wurde dann abgebrochen. Ich besitze
wenigstens die Korrekturabzüge des ersten Satzes.
Damit kann man im Ausland wenig anfangen. Was
nützt es mir, daß ich jede der großen Symphonien im
Kopf habe? Daß ich, wenn Sie wollen, Ihnen den ganzen Bruckner, den halben Debussy und mindestens die
großen Sachen von Strauß auswendig dirigiere? Den
Tristan, den Don Giovanni, wenn es gewünscht wird?

Es wird aber nicht gewünscht. Ich muß Ihnen sagen —
aber dies ganz unter uns —, daß ich eigentlich fast froh
war, als ich interniert wurde."

„Um Gottes willen, so dürfen Sie doch nicht reden!"
erwiderte der Harris Tweed hastig. „Das ist doch entsetz-
lich."

„Wieso", meinte der Dirigent. „Es ist die Wahrheit."

„Aber hören Sie, lieber, verehrter Herr Traeg: Sie
haben doch diese ganze Musik in sich. Sie hören sie
doch, wenn Sie wollen, Sie hören doch jeden Ton. Sie
sind doch eigentlich ein gottbegnadeter ..."

Der Dirigent lachte scharf und kurz durch die Nase:
„Na!"

„... bitte, lassen Sie mich ausreden: Ein gottbegnadeter Mensch. Wer all das mit sich herumträgt, wer das
ständig so parat hat, daß er nur zuzugreifen braucht, der
kann doch eigentlich nicht ganz unglücklich und ein-
sam sein. Entschuldigen Sie, wenn ich mich etwas sehr
persönlich ausgedrückt habe!"

„Aber bitt' schön!" sagte der Dirigent mit betont
österreichischer Färbung. „Ich würd' halt eher sagen:
etwas reichlich lyrisch. Sie vergessen eines, mein Lieber: Musik will ja schließlich klingen. Sie muß gehört
werden."

„Ja, muß sie das wirklich?"

„Das muß sie wohl ganz entschieden. Sehen Sie, ich
habe da etwas viel über Haydn gesprochen, weil wir den
nun eben mit unserem kleinen Dilettantenorchester
spielen konnten. Ich will nicht undankbar sein: die
Leute gaben sich die redlichste Mühe. Sie haben geprobt
und geübt, bis ihnen die Augen tränten. Ich habe sie
getriezt und gezwiebelt" — er verfiel nun unwillkürlich
in einen scharfen norddeutschen Ton —, „bis sie einiger-
maßen zusammenkamen. Es klang dürftig genug. Und
ich kann Ihnen sagen, es verging keine Probe, bei der
ich nicht innerlich gedacht habe: Herrgott im Himmel,
ein richtiges Orchester, das ganze Orchester, *mit* Klarinetten, mit Hörnern, Trompeten, Posaunen, eine richtige
Beethoven-Symphonie, ein Bruckner! Können Sie sich

148

das nicht vorstellen? Das in den Händen haben, es tönen lassen, leibhaftig ..."

„Doch, ich kann es mir gut denken."

„Nicht nur es wissen oder sich denken. Ich bin schließlich ein Musikant, ein böhmischer mit einem guten Teil meines Blutes. Das rumort immer wieder, das will heraus, an die Luft, oder doch wenigstens in den Konzertsaal, es will leben. Das bloße Denken ist der Tod."

„Ich weiß nicht", erwiderte der Harris Tweed respektvoll, aber nachdrücklich, „ob ich Ihnen da völlig recht geben kann. Ist die letzte, höchste Musik nicht die über allen hörbaren Tönen? Die Kunst der Fuge, der sechsstimmige Kanon im ‚Musikalischen Opfer', mit dem Thema von Friedrich dem Großen? Die Sonate op. 111, die letzten Quartette, besonders das ‚Monstrum aller Quartettmusik'? Ist das zum Hören da? Mit unseren unvollkommenen Ohren? Sollen wir das nicht doch nur lesen und mit unserem inneren Ohr vernehmen? Ich frage nur, Maestro?"

„Aber so lassen Sie doch um Himmels willen den Maestro fort! Das paßt sich, wenn man in der Scala am Pult steht, oder vor den Bostoner Philharmonikern, oder den Wienern, oder den Berlinern."

„Aber Sie sind ein Meister, lieber, verehrter Herr Traeg. Das spürt man aus den paar Worten, die Sie gesagt haben; ich maße mir nicht an, alles verstanden zu haben, aber ich kam ungefähr mit. Das sieht man an Ihren Handbewegungen. Glauben Sie mir, ich habe ein feines Gefühl dafür. Und eines Tages werden Sie da stehen, wo Sie hingehören. Vielleicht kann ich sogar ein bißchen dafür tun, wenn wir herauskommen. Ich habe damals mit dafür gesorgt, daß der junge Kleiber von Dresden nach Berlin kam. Alle meine Freunde hielten mich für verrückt, einen so jungen Burschen an das Pult der Staatsoper zu bringen. Es war richtig, wie sich gezeigt hat."

„Ja, das waren noch Zeiten, mein Lieber. ‚Eines Tages werde ich da stehen', sagen Sie so freundlich. I dank auch recht schön! Vorläufig stehe ich hier vor dem Stacheldraht und friß grünen Hering, und bin froh, daß ich ihn umasunsten bekomm. Lassen S' mich aus mit dera ungehörten Musi, Sakrament!"

„Nein", sagte der Harris Tweed mit vorsichtiger Beharrlichkeit, „ich glaube, ich sollte Sie nicht auslassen. Ich habe sogar einen bestimmten Vorschlag. Er wird Ihnen vielleicht etwas merkwürdig vorkommen, aber ich könnte mir doch denken..."

„Na, schießen Se los!" erwiderte der Musiker in gewollt berlinischem Tonfall.

„Ich habe mir gedacht, daß Sie uns eine Beethoven-Symphonie dirigieren, hier hinter dem Stacheldraht, jawohl, wir finden schon ein stilles Fleckchen, wo uns niemand stört. Wir sind hier eine kleine Gemeinde, ein paar Leutchen nur, aber jeder von uns hat doch die Partitur im Kopf. Vielleicht nicht mit jedem Einsatz, aber das ist dann eben Ihre Sache. Ich versichere Sie, wir hören das, als ob wir in der Philharmonie säßen. Tun Sie uns den Gefallen! Erweisen Sie uns die Ehre!" Er legte unwillkürlich dem Musiker, der seine Hände tief in den Taschen vergraben hatte, seine etwas dicklichen Finger auf den Arm.

„Wahnsinnig", sagte der Dirigent und blickte hinüber zu den Pappeln. „Man wird glauben, wir seien verrückt geworden."

„Lassen Sie die andern glauben, was sie wollen! Auf die kommt es nicht an. Die hören es im Grunde doch auch nicht, wenn sie im Konzertsaal hocken. Auf uns kommt es an."

„Und wer sind diese ‚wir', mein Lieber?" fragte der Dirigent leicht belustigt. „Sie tun ja schon, als ob Sie mir ein ausgesuchtes Publikum zu bieten hätten? Ich werde mich anstrengen müssen."

„Ich bin überzeugt, daß Sie das tun, Meister", erwiderte der Harris Tweed ernst. „Viele werden es nicht sein, natürlich. Aber ich habe doch schon einige gleichgestimmte Seelen hier gefunden. Da ist zum Beispiel ein alter Senatspräsident aus Berlin, ich kannte ihn nur vom

150

Sehen, er ging in jedes Konzert; wir haben uns neulich angesprochen. Ich kann Sie versichern: es war, als ob wir jahrelang miteinander verkehrt hätten. Er spielt auch zu Hause Kammermusik, viel wird es wohl nicht sein, denn er ist offenbar schon reichlich klapprig. Aber er kennt jeden Ton in- und auswendig. Er kann Ihnen bei jeder Stelle sagen, wie Nikisch sie genommen hat, welches Tempo Bruno Walter anschlug, Toscanini, Furtwängler; er hat noch Bülow gehört."

„Na schön", meinte der Dirigent, „da hätten wir also wenigstens einen verkalkten Senatspräsidenten. Und wen noch?"

„Das lassen Sie meine Sorge sein, Meister", versicherte der Harris Tweed. „Ich finde sie schon. Ich finde sie schon." Seine Stimme jubilierte. „Und schließlich: auf die Anzahl kommt es doch nicht an, nicht wahr? Eine ausgesuchte Hörerschaft ist schließlich besser als ein Riesenhaufen von Ignoranten. Darin sind wir uns sicher einig."

„Gut", sagte der Dirigent. Er zog seine langen Hände hervor und betrachtete sie nachdenklich. „Und was haben Sie sich als Programm gedacht, mein Lieber?"

„Die Achte", erwiderte der Harris Tweed unverzüglich. „Unter ihrem Zeichen haben wir uns getroffen. Und an dieser Melodie werde ich die Eingeweihten erkennen. Sie ist nicht zu einfach und auch nicht zu ausgefallen. Um fünf heute nachmittag, Meister. Auf dem Platz hinter der Küche. Da ist es um die Zeit am stillsten. Abends gibt es doch kein warmes Essen."

„Schön", sagte der Dirigent. „Es ist etwas gespenstisch. Aber die Achte dauert über eine halbe Stunde, mit allen Wiederholungen. Wir lassen keine Reprise aus, wie?"

„Natürlich nicht", jauchzte der Harris Tweed. „Ich werde Ihnen sogar einen Taktstock besorgen. A rivederci, Maestro, a rivederci!" Er pfiff das Motiv aus der Achten noch einmal, aber nicht fragend und fordernd wie am Anfang, sondern ganz leise ausklingend und abschließend, wie es am Ende des ersten Satzes steht. Der Dirigent winkte ihm mit der Rechten nach, machte eine letzte Taktierbewegung und tat dann so, als legte er einen unsichtbaren Taktstock auf das Pult, um herunterzusteigen.

Den ganzen Tag über strich der Harris Tweed mit seinem Motiv wie mit einer musikalischen Wünschelrute durch das Lager und versuchte, geheime Schätze an Kenntnis der großen Partituren zum Anschlagen zu bringen. Er hatte Glück. Etwa ein Dutzend Zuhörer, oder Mitspieler, fanden sich um fünf Uhr hinter den schwarzen Küchenkesseln ein, die zugleich willkommene Deckung gegen unerwünschte Zaungäste boten. Man lagerte sich im Kreise. Wie selbstverständlich deuteten sie die Aufstellung des Orchesters an: die beiden Streichergruppen vorn zu beiden Seiten des Dirigentenpultes; der Senatspräsident hatte sich bescheidenerweise sogleich bereit erklärt, die zweiten Geigen zu markieren, während sich als Konzertmeister ebenso selbstverständlich ein junger Berufsgeiger niederließ, Schendschersitzki mit Namen, ein stämmiger Bursche mit einer wüsten Pudelmütze von pechschwarzen Kraushaaren, der einzige übrigens, der dann, wie sich zeigte, die Partitur nur sehr unvollkommen im Kopfe hatte und dem Gang der hohen Handlung nicht recht folgen konnte. Dafür suchte er vor Beginn des Spieles durch einige mimische Mätzchen zu entschädigen; er spielte den besorgten Besitzer einer ungemein kostbaren Guarneri, die er sorgfältig aus dem Kasten holte, dem Seidentuch entnahm und lange stimmte. Hinter den Streichern links und rechts die Holzbläser und das Blech, darüber die Pauken. Dann fiel aber Totenstille ein, als Traeg an das Pult trat, das der rotbäckige Schreiner in aller Eile auf Oehringers dringende Bitten gezimmert hatte. Auch ein Taktstock war zur Stelle. Traeg nahm ihn in seine langen Hände und zog ihn nach beiden Seiten, als wollte er ihn ein wenig verlängern, denn er kam ihm reichlich kurz vor. Er schloß die Augen einen Moment, um sich zu sammeln, und klopfte kurz und herrisch auf den Pultrand. Alle, einschließlich Schendschersitzki, saßen gebannt und mit äußerster Konzentration auf ihrem Posten.

Die Symphonie begann, und es zeigte sich dem Kennerblick der Mitwirkenden sogleich, daß hier ein veritabler Meister den Stab führte. Sie hörten die Partitur erklingen, und sie hörten sie in jeder feinsten Nuance. Hier, in diesen langen wogenden Bewegungen des Stabes, war unverkennbar das süße Rauschen des Streicherchores gegenwärtig; nun gab er die Melodie an die Klarinetten weiter, die Hörner dort weiter oben wurden herausgehoben, die Pauken ganz hoch im Rund erhielten ihren weckenden Aufruf. Die kurzen Sforzandi, raschestens abgedämpft und mit zartestem Pianissimo wechselnd, kamen unvergleichlich kraftvoll zum Vortrag. In den Tutti schöpfte der Meister die ganze Fülle des Orchesterklanges mit beiden Händen aus und ließ sie über seine vibrierenden Finger abrieseln. Unverkennbar rollte der Paukentriller in der Mitte des Satzes über den Synkopen der übrigen Instrumente dahin. Die Fortissimi türmten sich wie Felsblöcke auf.

„Wahrhaftig", flüsterte der Senatspräsident, „das nenne ich drei F! Großartig!"

„Pssst!" zischten die anderen, die sich keine Einzelheiten entgehen lassen wollten und außerdem Mühe hatten, in Gedanken dem Fortgang der Musik zu folgen. Nur Schendschersitzki ließ seine Augen unter der dicht auf die Brauen fallenden Pudelmütze ein wenig wandern und hatte Mühe, ein Lächeln zu unterdrücken, besonders, als nun doch ein paar neugierige Zuschauer zwischen den schwarzen Küchenkesseln herantraten und die seltsame schweigende Gesellschaft musterten, die da ein so unverständliches Spiel trieb.

„Hier ist wohl Taubstummenunterricht?" fragte eine Stimme. „Oder was wird hier gemimt?"

Der Harris Tweed erhob sich behutsam, ging auf die Störenfriede zu und drängte sie mit beiden ausgebreiteten Armen energisch zurück. Dabei bat er mit gedämpfter Stimme, doch um Himmels willen leise zu sein und nicht zu stören; es werde hier eine Orchesterprobe gehalten, eine Generalprobe vielmehr, es wäre sehr unfreundlich und unkameradschaftlich, wenn man das unterbräche. „Beethoven, die Achte, in F-Dur", sagte er beschwörend und fast verzweifelnd. Der Ausdruck seines Gesichtes und der Ton seiner Stimme, mehr als das, was er sagte, bewogen die Neugierigen, sich still zurückzuziehen. Nur einer von ihnen murrte:

„Kinder, was es hier so alles gibt! Generalprobe! Ich glaube, die proben für die Zulassung in eine Klapsbude."

Traeg aber hörte von alledem nichts. Er dirigierte weiter; er beendete den ersten Satz im feinsten, verhauchenden Pianissimo, hielt einen kurzen Augenblick inne und stürzte sich mit Vehemenz in das Allegretto scherzando. Er ließ im Menuett und Trio keine der Wiederholungen aus. Er zog im Schlußsatz wie im Triumph mit dem ganzen Orchester davon, daß den Mitspielern der Atem verging. Er ließ die fast monotonen, immer wiederholten Schlußakkorde, deren Spannung durch Triolen bis fast zum Brechen gesteigert wird, wie mit Hammerhieben heruntersausen und zerschlug dabei um ein Haar seinen Taktstock am Rande des Pultes. Dann setzte er einen gewaltig ausholenden Schlußstrich unter das Ganze. Er sackte in sich zusammen, holte sein Taschentuch hervor und wischte sich die schweißtriefende Stirn, während er vom Podium herunterstieg.

Die Mitwirkenden waren aufgesprungen, sie applaudierten leidenschaftlich und schrien: „Bravo! Bravissimo! Maestro!" Auch Schendschersitzki beteiligte sich an der Ovation und tat so, als ob er seine umgedrehte Violine furios mit dem Holz des Bogens bearbeitete. Traeg aber, völlig erschöpft und wie ausgelöscht, wehrte ab. Er stapfte mit wankenden Schritten davon, seinem Zelt zu, als zöge er sich ins Künstlerzimmer zurück.

„Ein Genuß, ein wirklicher Genuß", sagte der Senatspräsident zu dem Harris Tweed. „Ich bin Ihnen sehr dankbar, Herr Oehringer. Man glaubte wahrhaftig, in der Philharmonie zu sitzen. Ich wollte, meine liebe Frau hätte dabei sein können. Sie ist nämlich auch sehr musikalisch."

„Ja, der kann etwas", meinte der Harris Tweed voll Stolz über seine Entdeckung. „Haben Sie bemerkt, wie er die Schlußphrase im ersten Satz nuancierte? Taa-da-terratta-da! Da fehlten nicht einmal die beiden Punkte über den letzten zwei Achteln!"

„Nein, da fehlte nichts", stimmte der Senatspräsident bei. „Nicht einmal die Bescheidenheit des echten großen Künstlers. Die Jüngeren betonen doch immer recht aufdringlich die eigene werte Persönlichkeit. Selbst ein Furtwängler ist nicht ganz frei davon. Nichts davon hier bei unserem jungen Meister. Ich muß sagen, er erinnerte mich direkt etwas an Nikisch. Das Musikantische ... und dann immer wieder diese Bescheidenheit! Übrigens, dieser Geiger, Schersinski oder wie er heißt ..."

„Schendschersitzki; es ist etwas schwer auszusprechen, und ich bezweifle auch, ob man mit einem solchen Namen eine große Karriere machen kann."

„Nun ja, aber ich habe doch den Eindruck, daß der nicht so ganz zu uns paßte, nicht wahr? Die anderen haben sich prachtvoll gehalten. Ich glaube nicht, daß eine einzige Note verlorenging.«

Sie traten zwischen den schwarzen Küchenkesseln hindurch und gingen wie abwesend zwischen den dichten Reihen der anderen Häftlinge hindurch, mit leuchtenden Augen. Unwillkürlich machte man ihnen Platz.

Die Kunst der Geräusche
Luigi Russolo

Das antike Leben war nur Schweigen. Erst mit der Erfindung der Maschine im XIX. Jahrhundert wurde das Geräusch geboren. Heute beherrscht das Geräusch souverän die Empfindungen der Menschen. Mehrere Jahrhunderte lang verlief das Leben schweigend oder gedämpft. Die dröhnendsten Geräusche waren weder sehr laut noch sehr lang noch abwechslungsreich. Tatsächlich verhält sich die Natur für gewöhnlich leise, außer bei Stürmen, Orkanen, Lawinen, Wasserfällen und einigen seltenen tellurischen Bewegungen. Daher berührten die ersten Töne, die der Mensch einem durchbohrten Schilfrohr oder einer gespannten Bogensehne entlockte, ihn zutiefst.

Man muß um jeden Preis den engen Kreis des reinen Klanges sprengen und die unendliche Vielfalt des Geräuschklanges erobern.

Heute sucht die Musik eine Verschmelzung der dissonantesten, fremdartigsten und grellsten Klänge. Wir nähern uns also dem Geräuschklang.

Diese Entwicklung der Musik läuft parallel mit der zunehmenden Vermehrung der Maschinen, die an der menschlichen Arbeit beteiligt sind. In der dröhnenden Atmosphäre der Großstädte ebenso wie auf den einstmals stillen Feldern ruft die Maschine heute eine so große Zahl unterschiedlicher Geräusche hervor, daß der eine Ton, durch seine Winzigkeit und Langweiligkeit, keinerlei Erregung mehr weckt.

Manch einer wird einwenden, daß ein Geräusch dem Ohr notwendigerweise unangenehm sei. Das sind leichtfertige Einwände, und ich halte es für müßig, sie zu widerlegen, indem ich alle zarten Geräusche aufzähle, die angenehme Empfindungen mit sich bringen. Um Sie von der überraschenen Vielfalt der Geräusche zu überzeugen, zitiere ich Ihnen den Donner, den Wind, die Wasserfälle, die Ströme, die Bäche, die Blätter, den Trab eines Pferdes in der Ferne, das Holpern eines Karrens auf dem Pflaster, den feierlichen weißen Atem einer nächtlichen Stadt, alle Laute, die der Mensch mit seinem Munde machen kann, ohne zu sprechen oder zu singen ...

Wir sind sicher, daß wir durch Auswahl, Koordinierung und Beherrschung aller Geräusche die Menschen um eine neue, ungeahnte Wollust bereichern können.

Obwohl die Eigenart des Geräusches darin besteht, uns brutal ins Leben zu versetzen, darf sich die Geräuschkunst nie auf eine imitative Wiederholung des Lebens beschränken.

Hier die sechs Geräuschfamilien des futuristischen Orchesters, die wir bald mechanisch verwirklichen werden:

1. Brummen, Donnern, Bersten, Brasseln, Plumpsen, Dröhnen.
2. Pfeifen, Zischen, Pusten.
3. Flüstern, Murmeln, Brummen, Surren, Brodeln.
4. Knirschen, Knacken, Knistern, Summen, Knattern.
5. Geräusche, die durch Schlagen auf Metall, Holz, Leder, Steine, Terrakotta und so weiter entstehen.
6. Tier- und Menschenstimmen: Rufe, Schreie, Stöhnen, Gebrüll, Geheul, Gelächter, Röcheln, Schluchzen.

In dieser Aufstellung sind die charakteristischen Grundgeräusche enthalten. Alle anderen sind nur Verbindungen und Kombinationen von ihnen.

Mein Lieblingsgeräusch
Kleine Umfrage unter Prominenten im Musikgeschäft

„Ich liebe alle Geräusche, ein Lieblingsgeräusch habe ich nicht. Wenn ich eines hätte, dann wäre es der nächste Klang, den ich hören werde."

John Cage, Komponist

„Mein bevorzugter Klang ist jener der menschlichen Stimme im wie immer notwendigen Gebrauch: sprechend (miteinbezogen die erfolgreichen Proteste, weltweit, für politische Gerechtigkeit). Oder, auf meinen Beruf bezogen: singend!"

José Carreras, Sänger

„Ich hatte ein absolutes Gehör. Jede Transposition war eine Mühsal, jede Detonation eine Qual. Ich träumte einmal im Flugzeug, wir würden abstürzen — ich natürlich überleben —, man würde mich danach im Krankenhaus fragen, ob ich etwas Außergewöhnliches vor dem Absturz bemerkt hätte: ,Ja, der linke Motor lief auf h, der andere auf a.' Natürlich fand man dadurch die Absturzursache. Heute träume ich nicht mehr im Flugzeug. Mein absolutes Gehör ist auch verstimmt. Mein Lieblingsgeräusch: das Einstimmen des Orchesters, der Oboe folgend, vor jeder Oper. Das ist wahrlich moderne Musik."

August Everding, Generalintendant

„Mein Lieblingsgeräusch ist ein Geräusch aus der Kindheit: das Harken von Kieselsteinen jeden Morgen vor dem Herrenhaus in Testorf. Jeder Mensch hat den Wunsch, einen Zipfel der Ewigkeit zu erhaschen und seine Spur auf diesem Planeten zu hinterlassen. Das tägliche Harken war für mich eine schöne Einstimmung auf den Tag, damit die Spuren des täglichen Lebens neu geordnet beginnen können."

Justus Franz, Pianist

„Mein Lieblingsgeräusch kann jeder vernehmen, wenn er eine Weinflasche öffnet."

Hans Werner Henze, Komponist

„Mein Lieblingsgeräusch ist das Plätschern eines Baches, weil es zugleich eine sehr beruhigende Wirkung auf mich ausübt."

Renate Holm, Sängerin

„Da ich ein Musik-Mensch bin, interessieren mich nur die geordneten Klänge, während mich Geräusche stören. Einzige Ausnahme: das Quieken, wenn eine Rotweinflasche falsch entkorkt wird."

Joachim Kaiser, Kritiker

„Mein Lieblingsgeräusch ist das eines Sonars unter Wasser."

Giorgio Moroder, Komponist

„Mein Lieblingsgeräusch ist das leise Plätschern eines Springbrunnens."

Ernst Mosch, Volksmusiker

160

„Mein Lieblingsgeräusch ist die Stille, jene Stille, aus der die Musik entsteht."

Gianna Nannini, Komponistin und Sängerin

„Mein Lieblingsgeräusch ist die Stimme des Meeres."

Luciano Pavarotti, Sänger

„Mein Lieblingsgeräusch ist das wohlige Grunzen meines Pudels, wenn er sich auf meinem Sessel breitgemacht und endlich die Stellung gefunden hat, die ihm total behagt."

Anneliese Rothenberger, Sängerin

„Mein Lieblingsgeräusch ist das Murmeln eines Gebirgsbaches."

Elisabeth Schwarzkopf, Sängerin

„Sie dürfen einen Komponisten nicht nach seinem Lieblingsgeräusch befragen, mich besonders deshalb nicht, weil ich seit meinem dreiundzwanzigsten Lebensjahr unzählige verschiedene Geräusche komponiert habe und jedes seine eigene Schönheit, sein eigenes Geheimnis enthält."

Karlheinz Stockhausen, Komponist

„Mein Lieblingsgeräusch ist das Fallen des Regens."

Tina Turner

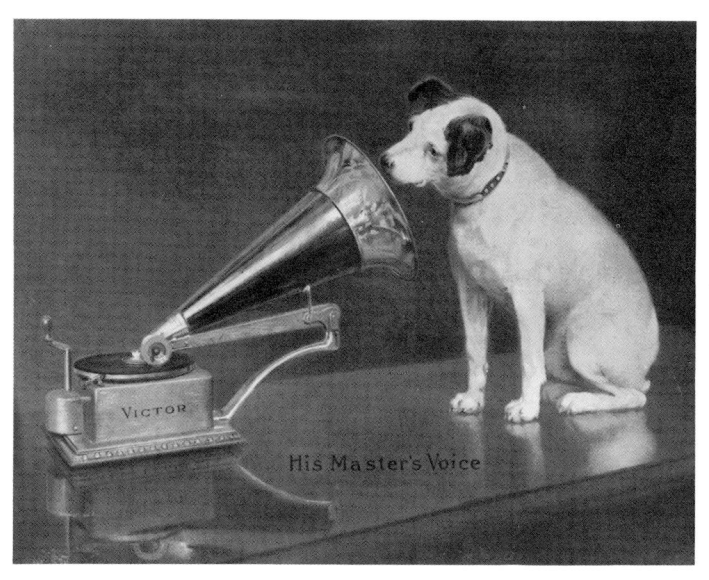

„His Master's Voice"
Ein Hund hört Musik
Robert Kuhn, Bernd Kreutz

Er ist vielleicht der berühmteste Hund der Welt. Mit
Sicherheit ist er eines der beliebtesten Markenzeichen
der Welt: Nipper, der Hund, der *His Master's Voice*
lauscht. Und wie so oft, ist die Legende seiner Geschichte
noch etwas schöner als die Wahrheit selbst.

Die Wahrheit ist, daß Nipper niemals einer Schallplatte (oder -walze) mit der Stimme seines Herrn
gelauscht hat. Er hatte auch nicht *einen* Herrn, sondern
gleich deren zwei. Aber egal, die wahre Nipper-
Geschichte ist immer noch schön genug.

Nippers erstes Herrchen hieß Mark Barraud und war
der Sohn eines berühmten englischen Tiermalers
hugenottischer Abstammung namens Henry Barraud
(1811-1874). Mark Barraud, geboren 1847 in Camber-
well, war Bühnenbildner in Bristol — und Familienvater.

Eines Tages — es soll im Jahr 1884 gewesen sein —
brachte Mark Barraud seinen Kindern einen drei Monate
alten Fox-Terrier mit nach Hause, den man bald
„Nipper" (Kneifer) nannte, weil er mit großer Leiden-
schaft den Gästen an die Waden ging.

Doch wie das bei Geschenken so ist: Der eigentliche
Adressat ist oft der Schenker selbst. So auch im Falle
Nipper. Statt zum Spielkameraden der Kinder avancierte
er schnell zum ständigen Begleiter des Vaters. Täglich
folgte Nipper seinem Herrchen ins Theater und saß dort
brav auf einem alten Mantel in der Ecke des Schnür-
bodens, während Mark Barraud probte und arbeitete.
Wurde bei einer Premiere auch mal der Bühnenbildner
vor den Vorhand applaudiert, soll Nipper sogar mit auf
die Bühne getrottet sein.

Umso schlimmer das Unheil, als Mark Barraud 1886

im Alter von nur 39 Jahren unerwartet verstarb. Seine Witwe saß plötzlich mit fünf Kindern da, alle unter 13 Jahren, und mit einem zweijährigen Hund, der untröstlich um sein Herrchen trauerte. Die Familie zerriß. Die Kinder kamen in Internate, Nipper zu Marks Bruder Francis nach London.

Francis Barraud, geboren 1856 in London, hatte das Talent seines Vaters geerbt und war nach einem Kunststudium Maler geworden – ein Maler, der durch ein einziges Gemälde weltberühmt geworden ist.

Das Bild, dem Barraud den Titel *His Master's Voice* gab, zeigt einen nicht mehr ganz jungen Fox-Terrier (andere meinen, es sei eher ein Beagle), der mit seinen dunkelbraunen Ohren etwas traurig, aber durchaus konzentriert in den Schalltrichter eines Phonographen hineinlauscht: Nipper natürlich.

Der lag zwar zum Zeitpunkt der Entstehung des Gemäldes, Ende 1898, bereits drei Jahre lang unter einem Maulbeerbaum in Francis' Garten, nachdem ihn im Herbst 1895 im höheren Hundealter von elf Jahren der Schlag getroffen hatte. Doch Barraud, der ein eigenes Foto-Atelier besaß, hatte seinen Liebling offenbar noch rechtzeitig abgelichtet.

Man hat Francis Barraud später oft gefragt, wie er auf die Idee gekommen sei, den lauschenden Nipper zu malen. Er hat sich dazu mehrfach, auch schriftlich, geäußert: „Es ist schwer zu sagen, wie ich auf die Idee kam. Außer eben, daß mir plötzlich einfiel, welch exzellentes Sujet es abgeben würde, meinen Hund zu malen, wie er mit einem intelligenten, aber etwas verwirrten Gesichtsausdruck einem Phonographen lauscht, und daß mir dann auch noch einfiel, das Bild *His Master's Voice* zu nennen. Es war mit Sicherheit die glücklichste Idee, die ich jemals hatte."

Der glückliche Maler hatte wohl von Anfang an kommerzielle Absichten mit seinem ‚Master'-Werk: Er wollte Werbung machen. Nur daß er sich dafür – zumindest zunächst – das falsche Produkt ausgesucht hatte. Auf der ersten Fassung des berühmten Bildes sitzt

164

Nipper nämlich vor einem Wachswalzen-Phonographen der Edison-Bell Consolidated Phonograph Company Ltd. Doch diese Company zeigte keinerlei Interesse an Barraud's Bild. Sehr zu ihrem Schaden, wie sich zeigen sollte.

Den weiteren Fortgang der Geschichte erzählte Miß Enid Barraud, die Nichte des Malers, später so: „Francis stellte das Bild in eine Ecke des Ateliers. Eines Tages fand ein Freund das Bild. Francis erklärte ihm, welche Absicht er damit verfolgt hatte, und der Freund meinte, das Bild würde sich viel besser machen mit einem der lustig aussehenden Grammophontrichter, wie sie von einer neuen Firma in der Maiden Lane hergestellt wurden. Er überredete Francis, sich doch einen dieser Trichter-Apparate als Modell auszuleihen. Die Firma zeigte sich sehr entgegenkommend, ja man erklärte sich sehr interessiert, das fertige Bild zu sehen. So malte Francis Barraud in das Bild von Nipper über den ursprünglichen Phonographen einen kompletten Apparat von ,The Gramophone Company', und die Firma fand solch einen Gefallen daran, daß sie das Bild für 100 Pfund kaufte, einen Preis, mit dem Barraud sehr zufrieden war."

Der Rest der Geschichte ist schnell erzählt. Die Leute von der Company kamen schnell auf den Trichter, daß ein derart intelligent verwirrt der Stimme seines Herrn lauschender Hund Gold wert war für ihre grammophonen Geschäfte. Erst ließen sie ihn nur in ihren Werbeanzeigen und auf ihren Briefbögen auf His Master's Voice hören, bald aber auch auf den Platten selbst, wo er sich seither millionenfach und unermüdlich im Kreise dreht.

Das Bild vom hörenden Hund war und ist eines der beliebtesten Werbe-Symbole aller Zeiten, und das praktisch von Anfang an. Allein bis 1924, so wurde ausgerechnet, hat man für die Bewerbung Nippers die für damalige Verhältnisse geradezu sagenhafte Summe von fünf Millionen Pfund ausgegeben. Kein Wunder also, daß Werber in aller Welt den armen Nipper immer wieder als beliebtes Vor- und Abbild für sich reklamiert haben, und das bis in unsere Tage.

Die Zahl der Nipper-Nachbildungen und Souvenirs geht vermutlich in die Tausende. Bei Position Nr. 707, einem Spielzeug-Grammophon aus Singapur, das mit der Pfote winken und den Trichter schwenken kann, haben die englischen Autoren des Katalogs *A Guide To Collecting His Master's Voice ‚Nipper' Souvenirs* resignierend aufgehört zu zählen und zu sammeln.

Nipper wurde, wie ein Phono-Fachjournalist später schrieb, „zum highfidelen Symbol und zur Geheimwaffe gegen die Phonographen-Konkurrenz ... Das Markenzeichen *His Master's Voice* überlebte zwei Weltkriege, drehte klaglos von 78 Umdrehungen auf 33 ⅓ pro Minute herunter, wechselte seit 1946 unbeirrt von Schellack auf Vinyl und überstand auch die ‚Langspiel-Revolution' von 1948."

Nippers (zweites) Herrchen Francis Barraud hatte nur den Ersten Weltkrieg überlebt. Er ist 1924 mit 68 Jahren in London gestorben. Die ‚Gramophon Company' hatte ihm auf Lebenszeit eine jährliche Rente ausgesetzt (von zuletzt immerhin £ 350) und ihn immer wieder mit Nachbildungen seines berühmtesten Gemäldes beauftragt.

Das Original hängt heute im Boardroom der Gramophone-Company-Rechtsnachfolgerin Electric and Musical Industries Ltd. (EMI) in Hayes/Middlesex. Nur wer es weiß, kann noch die Konturen des übermalten Edison-Phonographen unter dem Grammophon entdecken.

Das heißt, ganz sicher ist es nicht, ob das berühmte Gemälde noch im EMI-Hauptquartier hängt. Denn Anfang 1991 hat EMI einen Beschluß verkündet, den der Präsident des Verbandes der englischen Schallplatten-Gesellschaften, Roderick Shaw, zu Recht als „jammerschade" („an awful pity") bezeichnet hat, bedeutet er doch nicht weniger als das definitive Todesurteil für Nipper — und das 93 Jahre nach dessen zweiter Geburt.

Im Rahmen einer Bereinigungsaktion des Firmen-Erscheinungsbildes haben die EMI-Manager ihren berühmten „schreibenden Engel" gekillt — und bei dieser Gelegenheit den noch berühmteren lauschenden

Fox-Terrier gleich mit. „Wir gewinnen dauernd an Markt-
anteil und haben es nicht nötig, uns ans Rettungsfloß
der Vergangenheit zu hängen", meinte EMI Classics-
Präsident Richard Lyttleton.

Sieben Jahre vorher hatte die gleiche Gesellschaft —
aus Anlaß von Nipper's 100. Geburtstag — dem wohl
berühmtesten Terrier der Welt noch eine Gedenktafel an
der (vermuteten) Stätte seiner letzten Ruhe spendiert —
in ewiger Dankbarkeit. Nun ließ sie ihn endgültig
sterben.

Ein Zeit-Zeichen? Ein Zeit-Zeichen. „Nipper's Tod",
trauerte die britische Zeitung *Independent on Sunday*
vom 17. März 1991, „markiert das Ende der romanti-
schen Ära im Musikgeschäft."

ITV Sunday 7·15pm. Victor Borge in A Gala Evening.

*Plakat der Fernseh-Station „London Weekend
Television"*

Orson Welles at a news conference on Oct. 31, 1938, the day after his "War of the Worlds" broadcast.

Eine Nation in Panik
Howard Koch

Zwischen neun Uhr abends New Yorker Zeit und der
Frühe des nächsten Tages flüchteten Männer, Frauen
und Kinder in vielen Städten der USA vor Dingen, die
nur in ihrer Phantasie existierten. Innerhalb von fünfundvierzig Minuten realer Zeit – im Unterschied zu
subjektiver oder vorgespiegelter Zeit – waren die ein-
dringenden Marsmenschen angeblich imstande, von
ihrem Planeten zu starten, auf der Erde zu landen, ihre
Vernichtungsmaschinen aufzustellen, unsere Armee zu
schlagen, Verkehrsverbindungen zu unterbrechen, die
Bevölkerung zu demoralisieren und ganze Landstriche
zu besetzen. In fünfundvierzig Minuten!

Damals war ich ein unbekannter junger Autor in meinem ersten Job, der darin bestand, die Hörspiele für die
Sonntagabend-Programme des Mercury Theatre zu
schreiben, die von CBS veranstaltet wurden. Im Mittel-
punkt standen der Name und die Talente von Orson
Welles. Jede Woche zum Probenbeginn hatte ich sechzig
Manuskriptseiten abzuliefern, die irgendein literarisches
Werk dramatisierten – gewöhnlich einen Roman oder
eine Kurzgeschichte, die mir Orson Welles oder sein Co-
Produzent John Houseman gaben. Beide stellten ziemlich hohe Ansprüche.

Dann kam der Tag, an dem mir ein Roman gegeben
wurde – H.G. Wells' *Der Krieg der Welten* – mit dem
Auftrag, ihn in Form von Nachrichtensendungen zu
dramatisieren. Während ich die Geschichte las, die in
England spielte und in herkömmlicher Erzählform
geschrieben war, wurde mir klar, daß ich praktisch nur
die Idee einer Marsmenscheninvasion und die Beschreibung ihres Äußeren und ihrer Maschinen verwenden

konnte. Kurz, es wurde von mir verlangt, ein fast gänzlich neues Stück von einer Stunde Spieldauer in sechs Tagen zu schreiben. Ich rief John Houseman an und bat darum, die Sache auf einen späteren Termin zu verlegen. Er sprach mit Orson und rief zurück. Die Antwort war ein entschiedenes „Nein"; Orson hatte sich dieses Projekt in den Kopf gesetzt.

An meinem einen freien Tag, Montag, machte ich einen kurzen Ausflug den Hudson hinaus, um meine Familie zu besuchen. Auf dem Rückweg fiel mir ein, daß ich eine Karte brauchte, um den Schauplatz der ersten Marsmenschen-Landung zu lokalisieren, von dem aus die Handlung sich fächerförmig über das Land ausbreiten sollte. Ich hielt an einer Tankstelle an der Bundesstraße 9, und da die Straße an dieser Stelle durch einen Teil von New Jersey führt, gab mir der Tankwart eine Karte dieses Staates.

Wieder in New York und im Begriff, mit der Arbeit anzufangen, breitete ich die Karte aus, schloß die Augen und stach mit dem Bleistift auf eine Stelle. Die Spitze zeigte auf Grovers Mill. Grovers Mill. Der Name gefiel mir, er klang überzeugend echt. Außerdem war es in der Nähe von Princeton, so daß ich das Observatorium und den Astronomen Professor Pearson ins Spiel bringen konnte, der eine Hauptperson in dem Stück wurde. Als ich diese Zufallswahl traf, hätte ich mir nicht träumen lassen, daß wenige Tage nach der Sendung ein geschäftstüchtiger Farmer in Grovers Mill fünfzig Cents Parkgebühren von den Touristen verlangen würde, die sich mit Hunderten von Wagen auf seiner Farm drängten, um den Ort zu sehen, „wo die Marsmenschen gelandet waren". Und noch in diesem Frühjahr — drei Jahrzehnte danach! — berichtete eine Notiz in der New York Times von einem Bauvorhaben in Grovers Mill, bei dem Gründstücke zu Phantasiepreisen gehandelt wurden — wegen, wie es heißt, ihrer Lage am historischen Schauplatz der Invasion vom Mars.

Die sechs Tage bis zur Sendung waren ein Alptraum. Szenen wurden geschrieben und umgeschrieben, dazwischen aufgeregte Telefongespräche und das Hin und Her der Textseiten zum Studio und zurück, und die ganze Zeit das Gespenst jenes Sonntagstermins vor Augen. Nach der Landung der Marsmenschen ließ ich die Streitkräfte beider Seiten über ein immer weiteres Gebiet operieren, machte Manöver und Gegenmanöver zwischen den Invasoren und uns und genoß schließlich die Verwüstung, die ich zustande brachte, wie ein betrunkener Feldherr. Endlich, nach der Zerstörung des CBS-Gebäudes, vielleicht ein unbewußter Wunschtraum von mir, beschloß ich das Gemetzel mit einer einsamen Funkamateurstimme im Äther: „Ist denn da niemand ... Ist da niemand ... Niemand?"

Zu diesem Zeitpunkt saßen anscheinend nur noch die Nervenstärksten oder die mit der Geistesgegenwart, eine andere Station einzuschalten, an den Geräten. Die Menschen flüchteten blind in alle Richtungen, zu Fuß und in allen möglichen Fahrzeugen. Die Szene in Newark, wie sie mir später beschrieben wurde, war ein vollständiges Chaos. Hunderte von Wagen rasten zur Verblüffung der Polizei ohne Rücksicht auf die Verkehrsampeln durch die Straßen, wie in einer Keystone-Komödie aus der Stummfilmzeit. Da zu diesem Zeitpunkt meine erdichteten Marsmenschen überall in Amerika landeten, ist es im Rückblick schwer, Sinn und Nutzen einer Flucht einzusehen. Aber offenbar liegt es in der Natur einer Panik, daß die Vernunft nicht mehr funktioniert. Und genau wie der Durst Luftspiegelungen über der Wüste schafft, kann auch die Furcht Sinneswahrnehmungen hervorzaubern, die keine objektive Wirklichkeit haben. Menschen aus der Gegend am Riverside Drive meldeten der verwirrten Polizei, sie hätten Marsmenschen auf ihren riesigen Maschinen auf den Jersey-Klippen gesichtet, bevor sie den Hudson durchwatet und New York City in Besitz genommen hätten.

In gewissem Sinn wurde ich selbst ein Opfer des „Halloween-Juxes", wie Orson es später in einem gekonnten Understatement nannte. Nachdem ich die Sendung in meiner Wohnung gehört hatte, ging ich schlafen, ahnungslos, was draußen vor sich ging. Houseman rief später in der Nacht an, um mich zu informieren, aber ich war zu erschöpft und überhörte sogar das Klingeln des Telefons. Am nächsten Morgen ging ich auf meinem Weg zum Friseur die 72. Straße hinunter. Es herrschte eine erregte Stimmung unter den Passanten. Ich fing bedeutungsschwere Fetzen ihrer Unterhaltung auf mit Worten wie „Invasion" und „Panik" und schloß daraus erschrocken, daß Hitler irgendein neues Land überfallen hatte und daß der Krieg, den wir alle befürchteten, endlich doch ausgebrochen war. Als ich mich besorgt bei dem Friseur erkundigte, verzog sich sein Gesicht zu einem breiten Grienen. „Haben Sie nichts gehört?" sagte er und hielt die Morgenzeitung hoch. Ich las die Schlagzeile „Nation in Panik über Marsmenschen-Hörspiel". Dies war ein Augenblick, der mir selbst jetzt noch, dreißig Jahre danach, unwirklich scheint. Ich starrte hypnotisiert auf die Zeitung und der verwirrte Friseur auf mich. Mitten auf der Seite war ein Bild von Orson, die Arme ausgestreckt in einer Geste hilfloser Unschuld, und darunter die Anfangsszene meines Textes. Noch nie war etwas von mir Geschriebenes veröffentlicht worden, und hier war ich auf der ersten Seite einer New Yorker Zeitung! Seit damals ist das Hörspiel in zahlreichen Anthologien und in der Studie der Universität Princeton über die Anatomie einer Panik erschienen.

Klänge sind nur Schaumblasen auf der Oberfläche der Stille
Klaus Schöning

„Silence. Sounds are only bubbles on its surface. They burst to disappear." Sagt John Cage. „Klang ist nichts als eine atmosphärische Störung." Sagt Edgar Varèse.

Es gibt die Klänge, die Geräusche, die Stimmen, und es gibt die Stille, das Schweigen, die Leere. Können wir Stille wirklich hören?

John Cage, der gern Geschichten erzählt, erzählt auch häufig diese: Eines Tages, um die Stille zu hören, geht er in den schalltoten Raum der Harvard University in Boston. Er hört zwei Töne. Der Toningenieur erklärt ihm: „Der hohe Ton war Ihr arbeitendes Nervensystem, der tiefe Ihr zirkulierendes Blut."

Stille existiert und existiert nicht. Wir hören stets etwas. Doch das Gehörte ist flüchtig. Ist auf der Durchreise. Das Ohr hält nichts fest. Das Ohr ist leer. Ein Glas ohne Boden. Das Ohr ist leer und offen. Wir können die Augen schließen. Aber wir haben keine Ohrenlider. Wir können die Augen schließen: Die Gegenstände bleiben die Gegenstände. Wir verschließen die Ohren wie die Gefährten des Odysseus vor dem Gesang der Sirenen: Bleiben die Klänge die Klänge? Existieren sie ohne die Ohren? Oder lassen die Ohren die Klänge erst entstehen?

Wir hören auch ohne Ohren. Nicht nur im Traum. Wir hören — wenn wir hinhören — stets etwas. Selbst in der Leere des schalltoten Raums hören wir immer das eigene Nervensystem und das pulsierende Blut. Innerhalb der Welt der Klänge gibt es ein von uns organisiertes Klangsystem. Die menschliche Sprache ist ein solches Klangsystem. Ein System zur Herstellung von Verständigung. Ihr Träger, ihr Laut-Sprecher, ist die

Stimme. Die Stimme wird zum Schweigen gebracht in der Schrift. Die Schrift organisierte ein eigenes System aus Lettern: Literatur. Schriftsprache. Entfernte sich von der Laut-Sprache, der Stimmen-Sprache, nahm sie immer wieder in sich auf, disziplinierte sie, formte sie zu Literatur und wucherte zurück in die gesprochene Sprache. Das Atmen der Literatur.

Literatur ist auch, die die Litterae buchstäblich nimmt: Lettern-Poesie, und Literatur, die ganz ohne Buchstaben und Schrift lebt: orale Poesie, Laut-Poesie, spontane, expressive Artikulation. Literatur – akustische Literatur. Fließende Übergänge. Verschmelzungen. Kennzeichen der Kunst dieses Jahrhunderts. Tendenzen, die direkt auch auf die neue akustische Kunst, das Hörspiel, zuzulaufen schienen. Tendenzen, die, verbunden mit dem noch unentdeckten Reichtum des technischen Mediums, schon früh eine allgemeine Ästhetik der akustischen Kunst hätten fundieren können.

Doch lange Zeit folgte das traditionelle Hörspiel diesen Grenzwertüberschreitungen der Literatur nicht, mochte den Weg nicht gemeinsam gehen mit einer experimentierenden Literatur, die mehr dem Akustisch-Musikalischen verbunden war. Rhythmus und Kontrapunkt. Die Kunst der Montage. Akustische Poesie. Ars Acustica.

„Experimentelle Texte von hoher Komplexität können ohne Veränderung in Hörspiele umsetzbar sein." Sagt Ernst Jandl, und Franz Mon über die Notwendigkeit, auch mit der textfreien Sprache zu arbeiten: „Für die Poeten gehören alle Artikulationen zur Sprache, da sie bedeutungsbesetzt sind. Der miterlebende Hörer kann sie verstehen, obwohl ihre Mitteilungen ohne Wörter und Sätze auskommen." Und der Komponist und Hörspielmacher Mauricio Kagel definiert: „Das Hörspiel ist weder eine literarische noch musikalische, sondern lediglich eine akustische Gattung unbestimmten Inhalts."

Das Radio entwickelte mit Erfolg zunächst bis weit in die 60er Jahre einen Hörspielstil auf der Basis traditionell literarischer Formen. Mehr textverbundenes Wort-

Hörspiel. Doch auch dieses Text-Wort-Hörspiel trans-
portierte durch Sprecherstimmen nicht nur Text, sondern etwas, das sich vom Text ablöste, sich verselbstän-
digte: Aura erhielt. Die Aura der menschlichen Stimme.
Oralität der Aura.

Die Faszination vieler Text-Wort-Hörspiele liegt bis
heute in dieser Aura der Oralität. „Für den Vortrag ist
Dichtung nur Material. Dem Vortrag ist es sogar gleich-
gültig, ob sein Material Dichtung ist oder nicht. Man
kann zum Beispiel das Alphabet, das ursprünglich bloß
Zweckform ist, so vortragen, daß das Resultat Kunstwerk wird. Die konsequente Dichung ist aus Buchstaben
gebaut." „Konsequente Dichtung" nannte Kurt Schwitters sein Manifest. Geschrieben 1924, im Geburtsjahr
des Radios.

Derart konsequent mochte das Hörspiel im Radio
noch nicht sein. Eine Spur soll hier skizziert werden, die
bei Kurt Schwitters beginnen könnte, oder früher noch
bei Paul Scheerbarth, bei der Zaum-Sprache des Velimir
Chlebnikov, bei den Futuristen Kasimir Malevič und
Aleksej Krûcenich, bei Alexander Majakovski, bei Gia-
como Balla und auch bei Gertrude Stein. Bei den experimentierenden Radiopionieren der 20er Jahre. Eine Spur,
die in Sprüngen und auf Umwegen zum Neuen Hörspiel
der HörSpielmacher der 60er und 70er Jahre führt und
bis heute zu einer Ars Acustica International der Komponisten und Audio-Artisten. Eine Spur, die weniger
bekannt ist in der Geschichtsschreibung des Hörspiels.
Eine Spur, die offen ist nach vielen Seiten und andere,
bekanntere Wege des Hörspiels zuweilen kreuzte.
Anhörbar in vielfältigen Beispielen.

Die Spur könnte zurücklaufen zu Kurt Schwitters und
seiner „Sonate in Urlauten". Ein programmatischer Titel,
der auf die Nähe zur Musik und zur menschlichen
Stimme als Urlaut weist: akustische Poesie aus Buchstaben. Buchstabenpoesie. Und die Spur könnte zurücklaufen zu Raoul Hausmann, dem Dadasophen und seinen „Phonèmes" aus dem Jahre 1918.

Auf der Suche nach einer neuen Sprache, vierzig

175

Jahre später: „Fa:m 'Ahniesgwow". 1959 schreibt Hans
G. Helms ein chiffreartiges Buch, das ins Gesprochene
übergeht auf einer beigefügten Schallplatte. Literatur
hebt ab ins Akustische. Aus Lesen wird Hören. Die
Suche nach der verlorenen Sprache führt zu einer poly-
glotten Sprache aus über dreißig Sprachen.
    „Fa:m 'Ahniesgwow" ist auch die „Fama" aus dem
vielsprachigen „AmiGau". WestDeutschland. Babyloni-
sche Sprache, „Finnegans Wake" verwandt, diesem uni-
versalen literarischen Zentrum der Multilingua, des
Prinzips Collage.
    Joyce schlägt vor, das Werk nicht lesend, sondern
sprechend und hörend wahrzunehmen. Den Sinn des
„Finnegans Wake" nennt er: „Soundsense". Klangsinn.
John Cage bringt den „Wake" zum Klingen, zur gesprochenen Sprache, in seinem Hörspiel „Roaratorio. Ein iri-
scher Circus über Finnegans Wake".
    Der Komponist gibt der Literatur die alte Form des
Mesostichons zurück: Er schreibt sich, die Buchstaben-
folge des Namens James Joyce von oben nach unten auf
die Mittelachse jeder Seite setzend, „Finnegans Wake"
zitierend durch das gesamte Werk. Es entstehen die
„Writings through Finnegans Wake". Gesprochen und
gesungen von John Cage, werden sie zu Text-Sound-
Sound-Poetry, und im Hörspiel zu einer vokalen, dahin-
treibenden Schiffsplanke im weiten roaratorischen Meer
der Klänge. Auch das letzte Mesostichon mit dem
Namen des irischen Dichters:
    „Just a whisk
    Of
  pitY
  a Cloud
in pEace and silence"
Und dann den Kreis wieder beginnend dieses Werkes
ohne Anfang und Ende.
    Der literarischen Komposition einzelner Wörter, Sil-
ben oder Buchstaben zu neuen Wort- und Sprachbil-
dungen entsprechen die Montagen von Sätzen und
Textzitaten. Das Prinzip Collage prägt Ausdruck und

Gestaltungsform in allen künstlerischen Bereichen. Vorgefundenes Material als künstlerisches Material. Die Ready-mades von Marcel Duchamp, die von der Straße aufgelesenen Fahrscheine und Zeitungsfetzen von Kurt Schwitters, seine Merz-Bilder, die literarischen Zitatmontagen aus Börsenberichten, Schlachthaus-Statistiken und Polizeirapports von Alfred Döblin: „Berlin — Alexanderplatz".

Von der Perspektive zur Multi-Perspektive. Von der zentralen Sicht zur dezentralen. Jedes ein gleichwertiges Zentrum. Bereit, sich mit allem zu verbinden. Montageverfahren des Films, dort eine Filmsprache schaffend, erreichen die Literatur, verändern sie. Schaffen auch hier eine neue literarische Sprache.

Welt aus Zitaten, Welt aus Reproduziertem und Reproduzierbarem. Ein Feld, das das Feature im Radio schon Ende der 40er Jahre souverän praktizierte: Ernst Schnabel, Axel Eggebrecht, Alfred Andersch, Peter von Zahn. Das Hörspiel öffnet sich erst Mitte der 60er Jahre der Literatur der Montage. Zettelkasten-Literatur, die das Bewußtsein der Zeit collagierend dokumentiert im Neuen Hörspiel: Helmut Heißenbüttel, Jürgen Becker, Franz Mon, Gerhard Rühm, Ernst Jandl.

Das Ohr des Schriftstellers hört Wörter, Sätze, Geräusche. Das unentwegte Gerede registrierend, wird es für den Autor zu einer polyphonen Textur anonymer Stimmen. Belauschte Welt aus Sprache. Sprache als Zitat und Dokument, die eigene Realität besitzt. Gesellschaftliche Realität. (In der auch Geschichte aufgehoben ist.) Doch werden keine Geschichten erzählt, die den Zuhörer bei der Hand nehmen. Erst indem er sich einläßt auf seine eigenen Geschichten, Erfahrungen, Assoziationen, sie im vorgeführten Spiel aus Zitaten entdeckt, stellt der Hörer Geschichten her, als Detektiv und Betroffener. Ein therapeutischer Akt gleichsam.

Der Hörraum der Hörstücke von Franz Mon ist einem Schädel vergleichbar, in dem Sprachmüll, Wortreihungen, fragmentarisierte Erinnerung, Realität abgelagert ist. Liegengelassene Geschichte: „das gras wies wächst".

Vergangenheit, verdrängt und abgesunken, durch Zitat und Assoziationsmontage wieder heraufgeholt ins Bewußtsein. Aber auch Aktuelles, ausgeworfen täglich in Millionen Auflage in Zeitschriften, Teletexten und Zeitungen, rasch konsumiert, wird Teil der dokumentarischen akustischen Literatur. Als literarischer Sprechtext.

Akustische Literatur: stereofone Literatur. Die Technik selbst produktiv werden lassen als künstlerisches Element: „Wintermärchen", ein Radiomelodram von Gerhard Rühm. Ein hörbar gemachter Zeitungsbericht. Zitathörspiel. Technisch bis zur Unkenntlichkeit manipulierte Wörter sprechen aus, was der Zeitungsbericht verschweigt und nicht hörbar machen kann: die Sprache des sprachlosen Opfers.

Was Gerhard Rühm durch elektronische Verfremdung einzelner Wörter erreicht, komponiert Henri Chopin, der französische Protagonist der Poésie sonore, allein mit dem wortlosen Atem seiner Stimme. Der Titel eines seiner kurzen Hörstücke: „Mes bronches". Meine Atemwege. Begegnung der menschlichen Stimme mit der elektronischen Technik.

„Spaltungen" von Ernst Jandl. „hör-spiel. ein doppelter imperativ." Der Hörspieltext als technische Produktionsnotation. 26 Seiten lang. Davon 2 Seiten nur Sprechtext. Schrift als Beschreibung, als Beschreibung des hörbar zu Machenden. Das Beschreiben des zu beschreibenden Vorgangs wird selbst Literatur.

In der Stimme Ernst Jandls kulminiert das, was er zu sagen hat. Keine Dichterlesung, sondern äußerste Entäußerung des Schriftstellers in der Sprache: Sprache als Handschrift. Die vielleicht letzte, direkteste, noch unangetastete Chance der Artikulation. Der Titel eines seiner letzten Hörstücke: „Das Röcheln der Mona Lisa". hörspiel to end all hörspiels.

Die Entgrenzung von der schriftlichen Literatur zu akustischer Literatur, zu oraler Poesie, zu nicht mehr notierbarer Artikulation öffnete Wege zu verdrängten, tabuisierten Bereichen des Ausdrucks. Antonin Artaud hat sie 1948 schon beschritten in seinem lange Zeit nicht gesendeten Hörspiel „Pour enfinir avec le jugement de Dieu". Die allen verständliche Lautsprache. Sie lebt weiter neben der geregelten Sprache in der expressiven Körpersprache. Der Schrei, das Schreien: in den frühen Kulturen Symbol der Schöpfung. In einer Zeit, in der die akustische Welt das Leben der Menschen mitbestimmte. Eine Zeit des Hörens und des Zuhörens. Klanglandschaften, Klangschriften, übers Ohr entzifferbar. Übers Radio allen zugänglich gemacht, verletzt diese Sprache heute das Ohr. Provoziert und schockiert die untrainierte, die ungeschützte Wahrnehmung. Im Zeitalter der Bilder wird das extreme akustische Ereignis gleichsam synchronisiert, entlastet durch Bebilderung. Die Sprache der Bilder dominiert über die Sprache der Töne. Läßt das akustische Ereignis zum Soundtrack werden einer optischen Inszenierung, bei der die Fähigkeit des Hörens degeneriert, unterfordert wird. Der Angriff der dekorativen Sprache der Bilder auf die Fähigkeit und die Kultur des Hörens ist frontal. Die akustische Kunst reagiert darauf.

Artikulation, Originalton, verfügbar gemacht auf Tonband. Das Tonband: das neue Pergament, auf dem hörbare Realität sich einschreibt. Auf Tonband schreiben. Tonbandliteratur. Komposition aus Schnitt und Montage. „Dreams" von Barry Bermange, 1965. Träume erzählt von Vielen, vom Autor aufgenommen, protokolliert, geschnitten, nach konkordierenden Motiven neu zusammengesetzt. Poetische Realität des Originaltons.

Die andere Seite des Originaltons: die Sprache der Medien, eindimensional und ohne Wider-Spruch. Sie gibt sich häufig als Live-Sprache und ist doch schon gerastert, genormt und normierend. Mediensprache der Politik, der Nachrichten, des Sports, der Moderatoren. Derer, die die Realität sprachlich moderieren. Das Tonband als Dokument dieser Sprache. Material für den Hörspielmacher. Als einziger verläßt er die Rolle des Konsumenten, greift produktiv ein in diese Sprache. Wie Ferdinand Kriwet oder Paul Wühr. „Zur Kenntlichkeit verändern", wie Ernst Bloch es nannte. Durch Schnitt und Montage entsteht zitierend die Antwort im Spiel. Im Hör-Spiel.

Das Neue Hörspiel: das ist Spiel von und mit der Sprache. Von der Lautsprache zur Schriftsprache. Zur gesprochenen Sprache der Schriftsprache, zur technisch-manipulierten Sprache, zur Zitatsprache, zur Sprache der Medien, zur entleerten Sprache, zur Herrschaftssprache, zur Sprachcollage aus all diesen Sprachen: Sprache als Rhythmus.

„Das Tonband ist ein Instrument, dessen Gesetzlichkeiten man kennen muß, wie der Musiker die seines Musikinstruments." (Franz Mon) Das Credo der Hörspielmacher. Sprache des Neuen Hörspiels wie die Sprache des Films: Montagesprache. Montage der Sprache. Und: Montage der Geräusche. Ihre akustische Existenz verfügbar gemacht in der schriftlichen Beschreibung, einer häufig in Klammern gesetzten Existenz, als Regieanweisung.

Geräusche waren lange Zeit nur handlungs-illustrierende Diener im Text-Wort-Hörspiel. Ihr Transport zurück vom Text ins Akustische entläßt sie als funktionalisierte. Nach ihrer Freisetzung im Akustischen der Versuch, ihre komplexe, mehrdeutige akustische Existenz zurückzugewinnen. Doch bleiben sie lange Zeit zugerichtet für naturalistische oder überhöht-symbolische Bedeutungen, akustische Stützen einer äußeren oder inneren Bühne.

Als die Geräusche laufen lernten in den zwanziger Jahren, waren sie lebendig in Live-Hörspielen. Akustischer Film. Der Berliner Filmemacher Walther Ruttmann entdeckte lange vor dem Tonband den Filmtonstreifen fürs Hörspiel. Fing Klänge, Stimmen und Geräusche ein. Von der Montagesprache des Films zur Montagesprache der Geräusche. Pioniertaten fast lange vergessener Expeditionen ins unvermessene Land des Hörspiels.

Als das Tonband sich durchsetzte in den 40er Jahren, hatte auch die Ästhetik des traditionellen Radiospiels seine Dominanz gesichert. Dem Bruitismus der zwanziger

Jahre, dieser Welt aus Klängen und Geräuschen, begegnete dieses Hörspiel nicht. Nicht dem „Gehörlaboratorium" des Filmemachers Tsiga Vertov, das er 1916 ins Leben rief. Und nicht Luigi Russolo und seinem schon 1913 geschriebenen Manifest „L'arte dei rumori" (Die Kunst der Geräusche) und seinen Geräuscherzeugern, den „intonarumori". Es begegnete nicht den Geräuschkompositionen von Alexandr Mosolow, Erik Satie, Edgar Varèse und auch nicht den Tonband-Montagen „Williams Mix" und „Fontana Mix" von John Cage, nicht der musique concrète des Pierre Henry und Pierre Schaeffer.

Ende der sechziger Jahre dann: „Geräusch eines Geräusches" und „Erzählungen finden in den Geräuschen statt". Peter Handke und Jürgen Becker literarisierten die Geräusche in zwei Texten des Neuen Hörspiels, die nur aus Beschreibungen von Geräuschen bestehen, so radikal, daß die unaufhebbare Differenz zwischen dieser literarisch-poetischen Beschreibung der Klänge und Geräusche und ihrer nicht mehr beschreibbaren konkreten akustischen Existenz erkennbar wird. In der akustischen Realisation werden sie, was sie sind: ungebändigte, autonome Geräusche. „Bubbles on the surface of silence."

Literatur. Akustische Literatur. Die Poesie der Geräusche. Grenzüberschreitung, Vermischung. Ins Fließen kommen. Der lange Weg: der Weg der technischen Medien, des Radios, vom reproduktiven Transportunternehmen für Literatur und Theater zur Entfaltung der eigenen Mittel und Formen des Ausdrucks. Sie produktiv werden lassen im künstlerischen Akt. Diese Begegnung: kein Zufall, sondern Notwendigkeit. Der Reichtum einer zu sich selbst gekommenen, flüchtigen, akustischen Kunst. Entwickelt innerhalb eines verwalteten Mediums.

Radio und Kunst. Warum soll Kunst im Radio sein? In Zukunft. Wie bisher? Lädt man die Künstler ein, werden sie Kunst machen. Und sie haben Kunst gemacht. Und Spuren hinterlassen ihrer Kunst im Radio. Spuren, in die dann auch andere getreten sind: die Radio-Entertainer, die mit den hinterlassenen Spielformen der Künstler erfolgreich hantieren. Die Inszenierung des Mediums. Die fröhlichen Muntermacher. Die eigentlichen Darsteller und Radiokünstler in diesen Tagen.

Das Radio: das Medium der Information und Unterhaltung, des Nebenbeihörens, der akustischen Kulisse, hat Information und Unterhaltung vermischt, verwischt. Die unterhaltende Information. Die Information als Unterhaltung.

Kunst im Radio? Die Konkurrenz ist erdrückend, für die Künstler von draußen. Es mag sein, daß sich das Hörspiel in diesem babylonischen Medienfeuerwerk auflöst, daß der allwissende Erzähler der frühen Hörspiele zum nichtsaussagenden Moderator eines zukünftigen Radio-TotalhörSpiels wird, Abbild, Zeichenträger der audio-visuellen Distributionskultur. Oder daß das Hörspiel, als Teil künstlerischen Ausdrucks dieser Zeit, innerhalb dieser turbulenten Darstellung *das* verdichtende, aussagende Konzentrat bleibt: Zeugnis und Entwurf einer möglichen Kommunikation durch Radio. Es war Bertolt Brecht, der einst schrieb: „Die Kunst ist nicht dazu befähigt, die Kunstvorstellungen von Büros in Kunstwerke umzusetzen."

Composing the radio. Das Radio komponieren. Hörbar machen das Hörbare. In den Werken der akustischen Kunst der letzten Jahre: Das anarchische Klangchaos der Metropolen. Das laute Schweigen der sterbenden Wälder. Das gedämpfte Reden in den Konferenzsälen der grauen Herren, die über Entlassungen entscheiden und die Höhe der Ölpreise. Die Eiswüste der Eskimos, die erschlagenen Robben. Den langanhaltenden Regen aus Mozambique und die Nebelhörner in der Bucht von San Francisco.

Das Radio als Ereignis für die Ohren, des Bewußtseins, des Bewußtwerdens. Als dialektischer Widerspruch zu sich selbst, zur Routine des täglich immer Gleichen, so schon Erwarteten. Als utopischer Entwurf, von dem schon die Pioniere einer Kunst im Radio träumten in den zwanziger Jahren. Ist dies noch die Kunst des HörSpiels? Des HörSpiels im Radio?

Seitdem die Studiotüren aufgestoßen wurden, Ende der 60er Jahre, haben die Komponisten ihre Instrumente ausgepackt, ihre seltsamen, kalligrafischen Notationen, ihre Liebe zur Sprache als Klang, ihre Aufmerksamkeit dem lebendigen Organismus der Geräusche, ihren wissenden Umgang mit der technischen Apparatur. Sie denken mehr mit dem Ohr. Und sie haben sich rasch verbündet mit den Poeten, den Sound- und Lautpoeten. Die, die die Sprache erforschen, die Stimme, den Laut.

Sie machen keine Hörspielmusik, sie komponieren das Hörspiel als Musik und Musik als Hörspiel. Sie stiften Verwirrung in den redaktionellen Kästchen des Radios: Juan Allende-Blin, Vinko Globokar, Mauricio Kagel, John Cage, Dieter Schnebel, Alvin Curran, Bill Fontana. Die akustische Kunst im Radio von heute und morgen ist auch die der Komponistenund KlangPoeten.

Acustica international: die Öffnung einer transatlantischen Brücke. Viele haben sie betreten in den letzten Jahren. Mit John Cage fing es an. Dann kam der alte Jackson Mac Low, im Rucksack ein tibetanisches Mantra und das Alphabet der Sound-Poeten ohne Anfang und Ende, das jeder versteht, wenn er will. Alison Knowles, den Korb voller Bohnen, Kinderspielzeug und Geschichten aus Vermont und den Wäldern Henry David Thoreaus. Jerome Rothenberg, der Ethno-Poet, der die „Horse Songs" der Seneca-Indianer, ihre sterbende Sprache, vermischt mit der jiddischen Poesie seiner Vorfahren.

Akustische Kompositionen, häufig unbeeinflußt von der Dramaturgie des Radiohörspiels Europas. Eingebunden jedoch in die Tradition der Ars Acustica. Kunst und Radio: ein fortwährendes Experiment mit offenem Ausgang.

Die Utopie der akustischen Kunst: Das Bewußtsein des Hörenden öffnet sich. Es fängt an, das zu hören, was zu hören ist, wenn das Hör-Spiel nicht mehr zu hören ist.

183

Ernst Jandl

das ohr

hallo, ich bin das ohr.
können sie mich hören?
ich imitiere
den schlag der uhr.

und jetzt
versetzen sie sich bitte auf die straße.
ich bin pferd
und milchwagen.

mein kollege
liegt auf ihrem arm
und schläft schon.

gestatten sie,
daß ich mich zurückziehe
in ihren wecker.

hör-probe

1

höherhören
höherhören
höherhören
höherhören
höherhören
höherhören
höherhören
höherhören
höherhören
höherhören

2

höhere hören
und daumen

höhere daumen
und hören

höhere hören
und höhere daumen

meine höheren daumen
meine höheren hören

3

kennen sie mich herren
kennen sie mich herren
kennen sie mich herren
meine damen und herren

Meine elf Lieblingsohren
F. W. Bernstein

Spät erst richtet der Mensch sein Augenmerk auf seine Ohren und macht sich ein Bild davon. In den Bildenden Künsten zieren sie diskret die Köpfe, meist aber verschwinden sie unter zierlichen Frisuren und Helm, Hut und Mütze decken sie zu.

Kommen sie in der neueren realistischen Figurenmalerei seit der Renaissance ans Licht, dienen sie dem Kunstwissenschaftler Giovanni Morelli (1816-1891) als Ausweis der Eigenhändigkeit und Echtheit von Gemälden; das gemalte Ohr verrät – ein rosa Schnörkel – die Handschrift des Malers und ist für Morelli seine eigenartige, unverwechselbare Signatur.

In der Gegenkunst, als welche die Karikatur aus den Niederungen des Geschmacks ungebärdig und so gar nicht stubenrein heranwächst und ins Kraut schießt, verunzieren die Ohren oft gewaltig die Köpfe wie nichts Gutes, entstellen die Gesichter zur Kenntlichkeit und am End läuft's auf den Teufel hinaus sowie auf alle Tiere des Feldes. Tierähnlichkeit, ja Tiergleichheit antiker und mittelalterlicher Menschenkunde bilden immer noch ein unerschöpfliches Arsenal der Karikaturmacher, die mit der Zeit ihre drei G's zusammenkriegen: Graphik, Gritik und Gomik. Im 19. Jahrhundert – in England schon früher – blühen die Karikaturen öffentlich in der Presse, ihrem besten Nähr- und Resonanzboden.

Die Karikaturistinnen und Karikaturmacher nehmen, wo sie's finden: Errungenschaften der Hochkunst und Erfindungen der Technik eignen sie sich genauso an wie Erkenntnisse der Wissenschaften, etwa die merkwürdigen Entdeckungen der Physiognomik, die im 18. Jahrhundert zur Beförderung der Menschenkenntnis

vom Pfarrer Lavater ins Werk gesetzt wurde. In dessen
spezieller Disziplin zur Kategorisierung menschlichen
Ausdrucksvermögens, der Mimik, spielen die Ohren
allerdings keine entscheidende Rolle.

Bereichert haben die Karikaturkünstler sich (und uns)
auch stets aus der Schatzkammer der Sprache, deren
Metaphern, Symbole, Bilder, Allegorien, Embleme und
Gleichnisse sie in ihre Bilderschrift zurückübersetzten,
um uns lachen zu machen.

Kampf – das ist für Eduard Fuchs, den großen Kari-
katursammler und -forscher (1870-1940), das stärkste
Motiv unserer Zunft! Kampf mit den Waffen der Kritik,
der verschärften graphischen Satire für eine menschen-
würdige Weltordnung an der Seite der Unterdrückten.
Seine „Karikatur der europäischen Völker" ist immer
noch das größte Karikaturmuseum in zwei Bänden für
die Zeit vor 1900.

Nach dieser Fanfare ein Tusch für die moderne
Pressekarikatur: In all ihrer glanzlosen kargen Alltäg-
lichkeit sind die politischen Karikaturen, die gezeichne-
ten Leitartikel unserer Tagespresse, oft hochbedeutsame
Inszenierungen aktueller Haupt- und Staatsaktionen,
historische Dokumente und Zeugnisse einer „kritischen
Folklore" (Michael Rutschky), die unsere Beachtung
verdienen. Ein einschlägiges Beispiel, das im Vorfeld
des wohl wichtigsten Ereignisses deutscher Nachkriegs-
geschichte spielt, habe ich ausgewählt.

Meine übrigen zehn Blätter sind durchaus willkürlich
ausgesucht: Sechs aus dem zwanzigsten Jahrhundert,
drei aus dem neunzehnten, eins aus dem sechzehnten;
vier Deutsche, drei Franzosen, zwei Amerikaner und
ein Deutsch-Engländer stellen mit den Mitteln der
komischen Zeichnung die enorme Vieldeutigkeit der
Ohren dar.

Hört gut zu!

In Holz geschnitten horcht ein neuzeitliches Ohr aus dem Mittelalter herüber. 1565 erscheint in Paris ein Bilderbuch mit 120 Groteskfiguren. Titel: „Songes drolatiques de Pantagruel". Der Inhalt — nur Bilder! — hat mit Rabelais' Roman „Gargantua und Pantagruel" nichts weiter zu tun. Die Kunstwissenschaft schreibt heute die anonymen Holzschnitte einem gewissen Francois Desprez zu. In einem kurzen Vorwort des Verlegers werden die Figuren ausdrücklich zur „recreation des bons esprits", zur Belustigung also, angeboten.

Er da nun also: zierlich das Wurstband überm Wams, wohlgefüllt den Latz, verwegen die eine Stulpenstiefelzunge ausgefahren und sehr zentral die borstige Pfauenfeder auf der Mütze, den dürren Dornenzweig der Fegefeuerwehr mit den aufgespießten drei Kardinallastern in der linken und rechts das dünne Schwert der Wollust — halt!, wir wollten und sollten nicht deuten. Ich möchte Sie nur auf das Dings aufmerksam machen, das Ohr.

Dieses Ohr ist sehr groß und sehr fremd; es ist exakt gezeichnet und geschnitten in der Art, in der Realien gezeichnet und geschnitten werden. In diesem graphischen Aggregatszustand sind alle Figuren Kinder Gottes beziehungsweise Teufelsbrut, die hier dem Gelächter preisgegeben wird. Achten Sie auf die strenge Sachlichkeit, mit welcher die wilde Topographie der selbständigen anatomischen Einheit Ohr vermessen und kartographiert wird. Ernst aber und in feierlicher Hast entschreitet der Ohrträger und sucht seinen Sinn.

Unser Ohr ist von sehr zweideutiger Gestalt. Im Bilde vermag es zu hören und zu tönen. Rundlich kuschelt es sich und bläht sein schläfriges Muschelhorn. Tuba oder die Ohrtrompete nennen die Hals-Nasen-Ohren-Ärzte die lautlose Verbindung zur Nase. Organ und Instrument zugleich erscheint es, ein Wesen eigener Art, in „Hoffnung's Acoustics"-Orchester. Und hat Pause.

Währenddessen macht Gerard Hoffnung, 1925 in Berlin geboren, in London Epoche, ja Furore: In den fünfziger Jahren veranstaltet er Musik- und Komik-Festivals. 1959 ist er, erst vierunddreißigjährig, gestorben. Es bleiben Schallplatten und seine Zeichnungen. Seiner Handschrift, seinem karikaturistischem „sound" kann man trauen. Just for fun. Hoffnung macht Spaß.

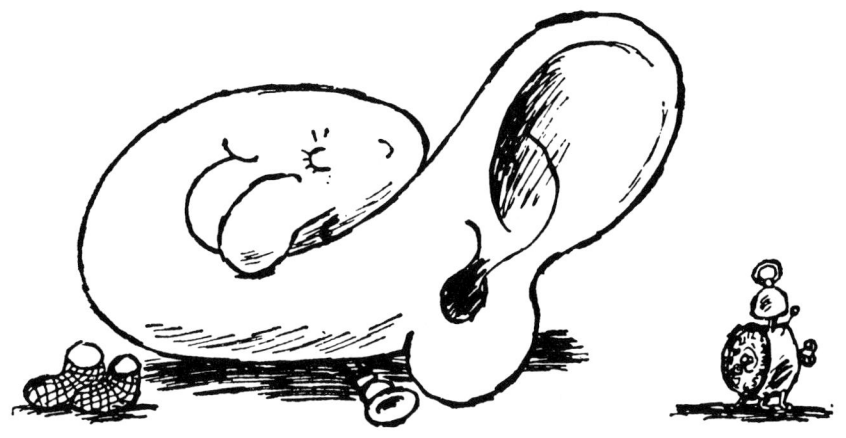

Eine Pause

Grandville macht Ernst. 1844 veröffentlicht der französische Zeichner seine „andere Welt" („Un autre monde"), eine Sammlung von 188 disparaten Szenerien. Seine Musik, im Wettstreit der Künste aufgerüstet vom technischen Fortschritt, greift uns an. Das Konzertgeschütz, das Notenkugeln verschießt und uns bedroht in höchsten Tönen — ist es nicht in Gestalt eines Hörgeräts, eines anderen Ohres, aufgeprotzt und in Stellung gebracht?

Was an Geöhr in Grandvilles „anderem Konzert" der akustischen Zerfleischung preisgegeben wird, ist höchst bedauernswert: Kleinohrhaltung in Logen. Auch nach dieser Seite hin graphische Prognose vom Schlimmsten.

Mehreren Dilettanten wurden die Ohren zerfleischt

6. Piano.

7. Smorzando.

15 Bilder lang spielt der „Virtuos", von Wilhelm Busch
1868 ans Tafelklavier gesetzt, seitdem auf. Er spielt wie
der Teufel, das heißt wie Franz Liszt, und ich möchte
Ihre Aufmerksamkeit auf den Herrn links lenken: Er ist
wir. Und wir gefallen mir.

Er ist Herr Publikum. Schau'n Sie nur, wie er hört: Es
ist das erste Mal in der ganzen Bildersuite, daß er richtig
zuhört. Und er hört verschärft zu, wo's nichts mehr zu
hören gibt: „Smorzando" — das ist jenes ersterbende
Verklingen, wo der kundige Konzertkunde den Kopf
zurücklegt wie der Pianist, dessen Hände längst ins
Leere gleiten. Unser Stellvertreter lauscht und lauert, der
Zeichner vergrößert ihm das Ohr und nimmt ihm gar
den Stuhl weg, Platz zu schaffen für seine Hörbegier.

Zum letzten Mal in diesem Konzert hört der Depp;
denn wenn im folgenden der Meister lauter wird, rasch
und rasend, da schaut er nur noch, glotzt und starrt aus
schwellenden Augenbällen, die schließlich zu einer
Großpupille zusammenwachsen. Der Virtuos ist längst
kein akustisches Erlebnis mehr, er ist zum Schauspiel
geworden, zur sensationellen Show.

Die alljährliche Kur, die Minister Doktor Schamyl mit Rußland veranstaltet. Sie beginnt mit 50 kaukasischen Blutegeln jeden Herbst.

196

Gustave Doré, 22 Jahre alt, macht sich in einem Prachtband mit über 500 Zeichnungen über das „Heilige Rußland" lustig. Das war 1854, rechtzeitig zum Krimkrieg. Als dieser wieder abgeblasen wurde, kaufte die französische Regierung rücksichtsvoll die Restauflage dieses stellenweise arg chauvinistischen, hochkomischen Schmähbuches auf.

Auf Seite 195 meiner deutschen Ausgabe von 1970 breitet „Doreskofff" flächendeckend einen Russenkopf in den Grenzen von 1854 über die europäische Landkarte, das hakennasige Profil dem Westen drohend zugewandt, förmlich funkelnd das Petersburger Auge. Der satirische Kartograph hat das weite Land neu vermessen und teilt es in Spottprovinzen auf — beliebtes Satire-Spiel seitdem; neuerdings etwa die Deutschlandkarten von Gerhard Seyfried.

Eine zentrale Stelle der Karte, und die richtige am grimmen Russenkopf, ist Ohr und nix als Ohr. Es schießt nicht, es lauscht nicht. Aber es kennzeichnet. Und wenn wir die Ohrenschrift richtig lesen — spitz und borstig —, so ist das russische Reich ein wilder, ungehobelter, fremder, gefährlicher Schweinepetz. (In den vergangenen Jahren ist der russische Bär in den Karikaturen mehr und mehr domestiziert und zivilisiert worden. Aber das kann sich wieder ändern.)

Berlin; im Nachkriegssatireblatt „Ulenspiegel" (später
„Eulenspiegel", die Haupt- und Staatssatirezeitschrift
der DDR) vom Januar 1947 beobachten wir aus halber
Höhe zwölf, nein dreizehn, vierzehn! Hörköpfe, zum
Teil solche mit Doppelohr (Stereoohr?). Was geht vor?
Nach dem Krieg ist vor dem Krieg. Ein Dämon, ein
böses, spitzmütziges, nichtsnutziges, hochelegant
schwarzes Riesenkasperl rauscht aus den Trümmern
hervor und tut was.
Tut was?
Es spritzt.
Es spritzt das Kriegsgerücht den Leuten in die unge-
schützten Ohren – tut es das?
Und was kriegen die sonderbaren Leute mit? Was
kriegen sie ab?
Sehen sie's? Hören sie's? Oder ist ihnen schon Hören
und Sehen vergangen?
Ein Narr wartet auf Antwort.
Man beachte aber die streng gestylten Bauhaustrüm-
mer, die makellos komponierten Ruinenornamente: Der
Künstler schafft Ordnung.
Das berühmtere Blatt „Das Gerücht" von A. Paul
Weber aus dem Jahr 1953 gefällt mir weniger – es ist
ein opernhafter Schmäh und Dämonenkram; ein flie-
gender Großwurm in der Häuserschlucht saugt die
Kleinleute förmlich aus den Fenstern und ist über und
über mit Guck- und Hörwarzen besetzt – vergessen
wir's!

... und er bewegt sich doch!

Zeichnung: Bruns

Hoffnung

Eine jener schlichten politischen Karikaturen unserer Tageszeitungen, die, oft auf der ersten Seite, uns die Weltgeschichte verklaren. Der Zeichner verwendet Formeln und Zeichen, die mindestens im Moment und vor Ort für die vorinformierte zeitgenössische Leserschaft lesbar und verständlich sind. Für uns noch Erinnerung, wird's mit den Jahren Geschichte, die Fülle der Bedeutungen wird abnehmen. Das Ohr aber lebt!

Was geht vor?

Der Zeichner Bruns stellt in der Berliner Zeitung „Tagesspiegel" am 18. Oktober 1989 einen Koloß links aufs Blatt. Der aber tut zweierlei. Zweitens verkörpert er die Wie-heiß-sie-doch-gleich? Richtig, am Stahlhelm steht's. Und zwar gleich dreifach: Uniform und Eisenhut der „Nationalen Volksarmee", Parteiabzeichen und unterm Helm das Brillengesicht des ehemaligen Vorsitzenden Erich Honecker.

Erstens aber, das fällt nämlich vor jeder Identifikation ins Auge, als albern-asymmetrisches Lebenszeichen, erstens: der Koloß, der starre, hört. Er hört zu! Er lauscht! Sein eines Ohr erwacht — doch es ist zu spät und wird ihm nichts mehr nützen. Die einzige Bewegung, die Galileos grundstürzende Unterzeile verheißt, wird sein Sturz und Niedergang sein.

Das real existierende Ohr hat im Unterschied zu seinem Bild nicht schwer an Ideen und Bedeutungen zu tragen, auch seine Ausdrucksfähigkeit ist gering. Für die Mimik ist es uninteressant. Und doch gelingt es dem Zeichner Don Martin, dem niemand Symbolabsichten unterstellen kann, das Ohrenpaar in Bewegung zu setzen. So lange, bis ein morgendliches Lockenwickelweib interveniert.

Ist dazu noch etwas zu sagen?

Vielleicht noch so viel: Das Ohr als Ohr kommt vor.

Und wer mit den Ohren wackeln kann, ist fein raus. Und Don Martin zeichnet seit den fünfziger Jahren in der amerikanischen Satirezeitschrift MAD wunderbare groteske Bildergeschichten.

EARLY ONE MORNING

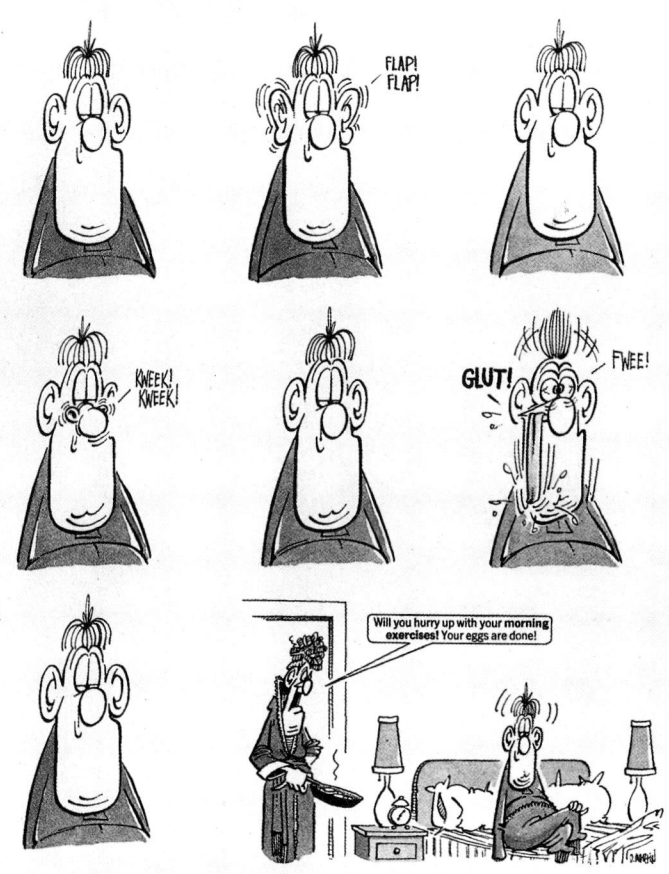

Da knutschen zwei auf nächtlicher Straße. Er: ein Ohrmann wie ein Genschman, nur daß seine Segelohren unverhüllt als Attribut der Häßlichkeit herhalten – er sieht wirklich nicht gut aus. Wie sicher aber und wie locker hat Waechter diesen Ausbund gezeichnet. Wie schön!

Auch die Nase hat Überlänge – das mag auf allerlei Geschlechtlichkeiten hindeuten („Wie die Nase eines Mannes …"). Nehmen Sie das ausgeprägte Kinn dazu, so haben wir auch durchaus greisenhafte Symptome beieinand', wenn die weichen Teile schwinden und nur die hard-ware des Kopfes hervorragend übrigbleibt.

Beinhart bringt's unser Kußmann! Und wär' er 197 Jahre alt gewesen – sie hätte es ihm nicht angemerkt. Die Dame im Fuchspelz.

206

Der amerikanische Zeichner David Levine, Spezialist für
Poetenportraits, seit 1963 arbeitet er für die „New York
Review of Books", packt ohne Scheu und mit üppigen
Schraffuren die Physiognomie des Dichters Franz Kafka.
Halben Leibes ragt der übers Tischchen und schreibt mit
Gregor Samsas Käferklauen. Darüber aber braust Kafkas
Kopf auf uns zu, ein dämonisches Markenzeichen, die
coporate identity seines Werkes.

Adorno („Aufzeichnungen zu Kafka") versucht die
Erscheinung zu bannen: „... Solche aggressive physi-
sche Nähe unterbricht die Gewohnheit des Lesers, mit
Figuren der Romane sich zu identifizieren ...."

Zu spät! Der punktscharfe Lichtblick läßt Dich nicht
mehr los. Näher und immer näher kommt dieser Kopf,
wie in Zeitlupe das lautlos schaufelnde Schwingen der
Flügelohren ...

Adorno bricht auch diesen Bann: „Anstelle der Men-
schenwürde, des obersten bürgerlichen Begriffs, tritt bei
ihm das heilsame Eingedenken der Tierähnlichkeit."

Und auf Levine's Zeichnung ist Kafka viele Tiere.

L'Ohr pour l'Ohr

Schwer nur löst unser Ohr-Bild sich vom Dienst an fremden Zielen und Zwecken. Immer ist Ohr Mittel zu und Zeichen für gewesen. O daß es einmal leuchtete selig in sich selbst wie Mörikes Lampe! Und schon wird's Ereignis: Ein Ohr im hellsten Lichte des Jugendstils, ein Kleinod, gefaßt im elegant ziselierten Kopf des Bohémiens; ein Medaillon, asymmetrisch gerahmt.

Bruno Paul hat es, dieses Ohr, geschaffen in kräftigem graphischen Zellenschmelz, nach dem Bilde des Dichters Peter Altenberg (1859-1919), jener genialen Inkarnation der Wiener Kaffeehausliteratur. Erschienen ist dieses Juwel mit 29 anderen Poetenköpfen im Jahr 1900 in dem Bändchen „Steckbriefe" von Martin Möbius, einer Sammlung satirischer Dichterportraits.

Bruno Paul, Architekt, Designer, Zeichner, ein Mann der Art Nouveau und des legendären „Simplizissimus", ist 1968 in Berlin gestorben, 94 Jahre alt. Allein dieses Ohr unter seinen Guten Werken macht ihn unsterblich — und Peter Altenberg. Klug legt er den Schatten des Schirms der gepünktelten Mütze dem Profil übers Auge; das Ohr blickt Dich an.

Kein Wort mehr.

Junge Fulani-Frau aus Obervolta.

Erotik am Ohr
Robert Kuhn

Als im Jahre 1990 eine deutsche Boulevard-Zeitung in
einer kleinen Umfrage wissen wollte, „welche kleinen
Tricks Frauen haben, um sich in Stimmung zu bringen"
– womit, wie sich eindeutig zweideutig aus dem Kontext ergab, vornehmlich die (auto-)erotische Stimmung
gemeint war –, antwortete die 35jährige Marina: „Mein
Geheimnis sind Ohrringe. So richtig große Hängeohr-
ringe, die Geräusche machen, wenn man sich bewegt.
Das ist ein tolles Gefühl."

Marinas tolles Gefühl – und ihre naiv-instinktive
Auskunft – dürften dem jahrtausendealten und welt-
weiten Erfolgsgeheimnis jenes ornamentalen Pendel-
Phänomens sehr nahe kommen, dem Wissenschaft und
Forschung schon lange vergeblich auf die schmucke
Spur zu kommen suchen.

Gottfried Semper, der Erbauer der berühmten Dresd-
ner Oper, hat bereits Mitte des vergangenen Jahrhunderts auf den augenfälligen Zusammenhang zwischen
der einzigartigen Eigenschaft von Ohrgehängen, Kör-
perbewegungen aufzunehmen und in Pendelbewegun-
gen umzusetzen, und ihrer reizvollen ästhetischen Wirkung hingewiesen. Der Architekt glaubte aber, den
Hauptauslöser jenes ästhetischen Reizes in der symme-
trischen Anordnung des Ohrschmucks entdeckt zu
haben, nicht wissend, das die emanzipierte Frau von
heute sich das tolle Gefühl durchaus auch mit einem
Mono-Gehänge besorgen kann.

„Ohrgehänge", so schrieb Semper 1856 in seinem viel-
beachteten Aufsatz „Über die formelle Gesetzmäßigkeit
des Schmuckes und dessen Bedeutung als Kunstsymbol",
bereiten „als freischwebende schwere Körper bei jeder

Bewegung durch eine Reihe von Schwingungen hindurch wieder auf den Moment der Ruhe und des Gleichgewichts vor, welcher der Bewegung folgen wird."

Die ästhetische Wirkung des Schmucks in Beziehung zur Schönheit der Nackenlinie der Trägerin setzend, fuhr der symmetriesüchtige Baumeister fort: „Zugleich bewirkt dieser Schmuck im Augenblick der Ruhe durch den Kontrast der durch ihn gebildeten Vertikallinie mit den Wellenlinien der organischen Formen, daß letztere in ihrer lebensvollen Anmut wirksamer hervortreten. So hebt das Ohrgehänge, indem es der Schwerkraft folgend eine Vertikallinie versinnlicht, die zarte, vorwärts gebogene, von der Schwerkraft unabhängige Kurve des Nackens."

Biegen wir aus Sempers sinnlicher Kurve in die Gerade der rationalen Analyse, dann erkennen wir eines ziemlich schnell: Das Phänomen Ohrschmuck ist — wie das Phänomen Schmuck generell — nicht monokausal zu erklären, schon allein deshalb nicht, weil sein wohl hervorstechendstes Charakteristikum gerade die Multifunktionalität ist.

Schmuck im allgemeinen und Ohrschmuck im besonderen wird gemeinhin definiert als ein „auf Öffentlichkeit ausgerichtetes Zeichen" (so zum Beispiel der Ausstellungskatalog „Auf's Ohr geschaut" des Berliner Volkskundemuseums), als „Zutat zu einem Menschen, wie er sich selbst der Umwelt präsentiert" (so das Werk über „Goldschmiede dieser Zeit — Körper, Schmuck, Zeichen, Raum"), als dekorative Ergänzung des Körpers.

Doch diese Definition greift entschieden zu kurz. Keineswegs ist dieses Zeichen stets auf Präsentation und Öffentlichkeit ausgerichtet, sondern häufig mehr auf Diskretion und Privatheit: Viele Menschen beiderlei Geschlechts — und es werden, so scheint es, täglich mehr — erwerben ihren Ohrschmuck nicht mehr, um ihn herzuzeigen, sondern um ihn zu verstecken, sei es als Geldanlage oder Spekulationsgegenstand, als Sammelobjekt oder Notgroschen.

Mag diese schmucklose Schmuckfunktion gerade in

unseren westlichen Wohlstandsgesellschaften zunehmend an Bedeutung gewinnen, so ist sie doch keineswegs eine Erfindung unserer Zeit, sondern war durchaus schon in früheren Zeiten bekannt. Angefangen bei den alten Etruskern, die ihren Verstorbenen (auch) deshalb erlesene Geschmeide mit ins Grab legten, weil sie glaubten, die Toten hätten auch im Jenseits noch sehr materielle weltliche Bedürfnisse, bis hin zu den Wanderburschen des vergangenen Jahrhunderts, die angeblich nicht zuletzt deshalb einen goldenen Ring im Ohr trugen, weil sie hofften, im Falle des Todesfalles fern der Heimat damit die eigene Beerdigung bezahlen zu können.

Hierher gehören wohl auch die an Kettchen hängenden Goldmünz-Ohrringe, die in der ersten Hälfte der 50er Jahre hierzulande Mode waren — als geldwerter Ausdruck des raschen ökonomischen Aufstiegs in den wirtschaftswunderlichen Gründerjahren der Republik.

Sowohl das Beispiel Handwerksburschenohrring als auch das der Goldmünzgehänge zeigt freilich an, daß die verschiedenen Funktionen des Ohrschmucks nur selten in Reinkultur vorkommen. „Dual use" ist die Regel, Tripel-Kodierung keine Ausnahme.

Den wohl bekanntesten Doppelnutzen auf dem Ohrringsektor bezeichnet das komplementäre Funktionspärchen „Schmuck" und „Schutz". Schon im alten Rom spielte der Amulett-Charakter des Ohrrings eine wichtige Rolle. Sei es, daß man glaubte, er könne Zaubertöne vom Ohr fernhalten, sei es, daß man ihm zuschrieb, Augenkrankheiten verhindern oder gar heilen zu können.

Dieser (Aber-)Glaube an die Wunder- und Zauberkraft des Ohrrings lebt bei uns in der Volksmedizin der Alpenländer Österreich, Schweiz und Bayern zum Teil heute noch weiter. Dabei ist es neben dem Heilkraft-Klassiker Gold vor allem die Koralle, der man im Volk wegen ihrer roten Farbe (Rot = Blut) apotropäische Wirkung zuschreibt. Korallen, so sagt man, weisen Unheil ab und helfen gegen den bösen Blick. Weshalb es zum

Reiche Frau aus Nepal

Beispiel in verschiedenen deutschen Regionen noch um die Jahrhundertwende Sitte war, dem Patenkind zum ersten Geburtstag ein Paar Korallenohrringe zu schenken, meistens in Herzform, an einem Goldbügel befestigt.

Besonders verbreitet ist der Glaube an die schützende Kraft der Ohrringe bei den Naturvölkern. Das Zeremoniell des Durchstechens oder Durchbohrens des Ohrläppchens ist vielfach religiös ritualisiert, das Ereignis wird als ein besonderer Feiertag im Leben einer jungen Frau begangen.

Die Formenvielfalt des exotischen Volksschmucks am und im Ohr ist groß. Die Ringe können ganz klein und leicht sein, oft sind sie aber auch außerordentlich groß und sehr gewichtig. So ist es zum Beispiel in verschiedenen Provinzen Indiens Sitte, daß sich die Frauen gleich pfundweise Gold an die Ohren hängen.

Hier kommt zur Schutz- und Schmuckfunktion offenbar eine dritte, nicht minder wichtige hinzu: die Prunk- und Protzfunktion. Man will seinen Reichtum zeigen, ein menschlich verständliches Geltungsbedürfnis, das zudem keineswegs auf primitive Naturvölker beschränkt ist, sondern bereits in den Hochkulturen des alten Griechenlands und des römischen Reichs durchaus bekannt war.

So klagte zum Beispiel der Dichter Seneca (geboren um Christi Geburt, gestorben 65 n. Chr.), daß „die Törinnen wohl glaubten, ihre Männer wären noch nicht geplagt genug, wenn sie nicht zwei oder drei Erbschaften in den Ohren hängen hätten".

Auch in deutschen Landen ist diese Repräsentationsfunktion des Ohrschmucks nicht unbekannt. Noch heute gehört es in manchen ländlichen Gegenden zum bäuerlichen Selbstverständnis, mittels mächtigen Trachtenschmucks den erarbeiteten Wohlstand zur Schau zu stellen.

Doch zurück zu den Naturvölkern, von denen man sich wahre Schauergeschichten in Sachen weiblicher Putz- und Schmucksucht erzählt. So berichtet zum

Beispiel der Anthropologe Max Bartels (in seinem um die Jahrhundertwende zusammen mit Heinrich Ploss herausgegebenen zweibändigen Werk über „Das Weib in der Natur- und Völkerkunde"): „Manche Völkerschaften begnügen sich nicht damit, ein einfaches Loch durch Ohrläppchen zu bohren, sondern sie pflegen dieses noch allmählich durch Einlegen kleiner Holzpflöckchen von immer wachsendem Kaliber und schließlich von immer größer gewählten Bambusrollen zu wahrhaft enormer Größe auszudehnen. Zuletzt werden dann als Schmuck Holzknöpfe (Madagaskar, Zentral-Afrika), Palmenblatt-spiralen (Naya-Kurumbas im Nilgiri-Gebirge) oder Blumen (Neuseeland) in den enorm erweiterten Ohrlöchern getragen."

Bei den Mädchen der Battas, so schreibt Bartels weiter, werde sogar ein doppelter Eingriff vorgenommen: „Das Ohrloch wird durch Bambuspflöcke oder Wolltuchknäuel etwa daumengroß erweitert, um einen silbernen Reif als Schmuck einzuhängen, der das Läppchen bedeutend verlängert. Außerdem durchlöchert man den oberen Teil der Ohrmuschel, in welchem dann zierlich gearbeitete Ohrringe getragen werden."

Ein anderer Forscher namens Joest berichtet (wiederum aus der Zeit um die Jahrhundertwende), „daß die Mädchen der Makua auf Mozambique ebenfalls eine mehrfache Durchbohrung lieben, indem sie sich, abgesehen von 10-15 Löchern in dem Ohrrande, das Ohrläppchen so erweitern, daß sie Holzflöcke von dem Durchmesser eines Fünfmarkstückes hineindrängen können." Ein Bericht, der nur noch durch die Erzählung des Völkerkundlers Kraemer übertroffen wird, der auf den Ralik-Ratak-Inseln Frauen gesehen haben will, deren Ohrläppchen derart erweitert waren, „daß schließlich der ganze Kopf hindurchgesteckt werden konnte!"

Eine wesentlich weniger spektakuläre, aber ebenfalls recht interessante Form ohrschmuckhafter Multifunktionalität ist jüngeren bis jüngsten Datums und eine kreative Hervorbringung unserer Industriegesellschaft: die Kombination von Ohrschmuck und Hörgerät.

Goldener Ohr-Clip mit eingebautem Hörgerät

Hinter der Idee steckt zum einen die Absicht, das Prothesen-Image von Hörhilfen abzubauen, zum andern die für eine (zumindest relativ) aufgeklärte Gesellschaft eigentlich recht beschämende Tatsache, daß Menschen, die ihre Hörschwäche vernünftigerweise mit einem Hörgerät korrigieren, gemeinhin als leicht behindert und irgendwie zurückgeblieben angesehen und behandelt werden, wohingegen Menschen, die ihre Sehschwäche mittels einer Brille korrigieren, als besonders intelligent, ja sogar modebewußt gelten.

Funktional überhaupt nicht voneinander zu trennen ist schließlich das Dual-use-Pärchen „Schmuck" und „Erotik". Wobei im Falle Ohrring schärfend hinzukommt, daß sein besonderer erotischer Reiz gleich aus zwei Quellen gespeist wird: zum einen aus der generellen Reizquelle „Schmuck", die über „Zurschaustellen" und „Auffallenwollen" funktioniert, zum anderen aus der speziellen Reizquelle „Ohr", dessen Sexual-Symbol-Charakter ja seit Alters her bekannt ist.

Schon die alten Ägypter sahen im Ohr ein Sinnbild der Vagina — und schnitten ertappten Ehebrecherinnen konsequenterweise eine Ohrmuschel ab. Die christliche Mythologie des Mittelalters glaubte, Maria sei vom Heiligen Geist durch das Ohr geschwängert worden, und bei manchen Naturvölkern gilt das weibliche Ohr bis zum heutigen Tage als sekundäres Geschlechtsmerkmal, mit Ohrmuschel und Gehörgang als erogener Zone.

Ganz anders wiederum einige Vertreter der Psychoanalyse, die glauben, das Ohr mit dem Anus gleichsetzen zu müssen, mit der rektalen Folge, daß sie im Ohrenbohren eine Ersatzhandlung für anale Masturbation erblicken.

Andererseits ist der erotische Signal-Charakter des Ohrschmucks heute längst kein Privileg der Weiblichkeit mehr. Ein kleiner Rundblick in jeder besseren Szene-Kneipe liefert eine brillanten Beweis. Wobei das glitzernde Ding im Ohr, laut Erotik-Expertin Erika Berger, angeblich ein Zeichen besonderer Lebens- und Liebeslust ist.

218

Freilich, eine volle Gleichstellung mit dem anderen Geschlecht haben die männlichen Ohrschmuckliebhaber noch nicht erreicht. Sie sind aber auf gutem Wege: Die jüngste Umfrage des Instituts für Demoskopie in Allensbach fand heraus, daß 1991 nur noch dreißig Prozent der befragten Männer und Frauen Ohrringtragen bei Männern ablehnen. Bei der vorletzten Umfrage des gleichen Instituts waren es noch 41 Prozent gewesen.

Nur der sture Vater Staat trottelt wieder mal hinterher und verbietet seinen Dienern hartnäckig das Tragen des Trend-Schmuckstücks. Acht Jahre lang kämpfte sich ein Konstanzer Zollobersekretär, der bereits seit 1978 einen sechs Millimeter starken Stecker mit emaillierter Silberplatte trägt, durch alle Gerichtsinstanzen, immer unter Berufung auf die freie Entfaltung seiner Persönlichkeit und auf die Gleichberechtigung mit den Frauen – und immer bekam er Unrecht, zuletzt noch Anfang 1991 beim Bundesverfassungsgericht, das eine Verfassungsbeschwerde nicht einmal zur Entscheidung zuließ.

Immerhin, einen Hauch des Zeitgeistes schienen selbst die Richter in den roten Roben zu spüren. Schrieben sie doch in ihren ablehnenden Beschluß, die Zollbehörde möge ihr Ohrring-Verbot mit Blick auf „die eventuell geänderte Anschauung in der Bevölkerung" nochmals überprüfen.

Bald, so scheint es, kann der Konstanzer Zöllner jubeln – und mit ihm die Juweliere im ganzen Land.

hör mal...

jetzt läuft bei den Hörgeräte-Akustikern – unter der Schirmherrschaft des Deutschen Grünen Kreuzes – die größte Hörtest-Aktion der Bundesrepublik. Für alle, die endlich genau wissen wollen, wie gut sie wirklich hören. Der Test kostet nichts außer ein paar Minuten Zeit. Die allerdings sollte jeder für sein Gehör investieren. Machen Sie mit. Sie können dabei nur gewinnen. Mit etwas Glück sogar eine herrliche Hörerlebnis-Reise in die Karibik.

Machen Sie den Vorsorge-Hörtest beim Hörgeräte-Akustiker.

Das Ohr in der Werbung

Beobachter registrieren mit einiger Verwunderung ein zunehmendes Auftauchen großer Ohren in der internationalen Werbung. Wobei es weniger die Größe ist, die verwundert — „bigger than life" ist eine der Grundregeln des Gewerbes —, sondern das Ohr an sich. Ist Werbung doch, geradezu a priori, ein visuelles Ereignis. Die Augenlust soll die Kauf- und Konsumlust wecken: Werbung als bildgewordene Botschaft des Sehen- und Haben-Wollens.

Die zunehmende Zahl von Ohren in der Werbung — und zwar eben nicht nur für Hi-Fi-Produkte und Jazz-Konzerte — könnte Anzeichen eines allgemeinen Unbehagens an der visuellen Reizüberflutung sein, der wir täglich ausgesetzt sind, ein stiller Hinweis auf den zunehmenden Verlust des Hörvermögens, ein Darauf-Aufmerksam-Machen im Sinne von „Spitz die Ohren, hör genau zu", wenn vielleicht auch nur in dem Sinne: „Es ist von Bedeutung, was ich dir zu sagen habe."

Wenn diese Diagnose stimmt — und die Werbung ist für solche kulturellen Trend-Wenden immer ein gutes Barometer —, dann sei eine Prognose gewagt. Die Dominanz des Sehens hat ihren Zenith überschritten, das Pendel schwingt zurück. Es wird ein Comeback des Radios geben, ein Comeback der leisen Töne — ein Comeback des Hörens.

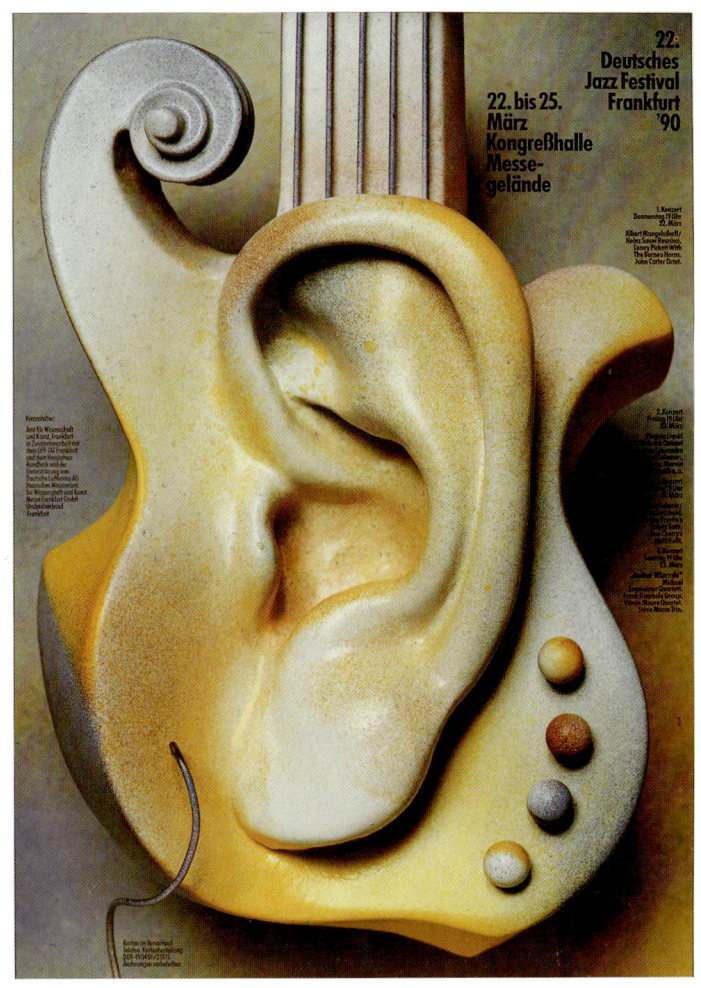

223

HENRI NANNEN:
ICH TRAGE EIN HÖRGERÄT.

Zugegeben, ich bin schon ganz schön eitel. Zwar, daß ich seit Jahren eine Brille trage, macht mir nichts aus. Brillen haben so etwas Intellektuelles. Selbst wenn man eine Frau boshaft als „Brillenschlange" bezeichnet, klingt in dem Wort noch ein Unterton von An kennung. „Darum seid klug wie die Schlang heißt es bei Matthäus 10 Vers 16.

„Und ohne Falsch wie die Tauben" fährt Evangelist fort, aber damit wird er wohl

riedfertigen gemeint haben und nicht die
chwerhörigen.

Denn mit dem Hören ist es merkwürdig
nders. Bei mir begann es vor vier Jahren, als die
roße Geigerin Anne-Sophie Mutter ein Benefiz-
onzert für die Kunsthalle in Emden gab. Auf
inmal merkte ich: die sehr hohen und per-
enden Töne der Violine bekam ich nicht mehr
anz mit.

Nun, man konnte das Spiel der Anne-
ophie Mutter auch ohne ein paar Glissandi
enießen. Aber dann erfuhr ich eines Tages, daß
h meiner Familie auf die Nerven ging, weil ich
ngeblich den Fernseher immer so laut aufdreh-
. Ich fand das nicht, und im übrigen sollten die
och gefälligst Rücksicht auf mich nehmen,
chließlich hatte ich die Siebzig überschritten.
ns Kino ging ich schon gar nicht mehr, da stell-
n sie die Lautsprecher immer so dumpf ein.
er Film meines Freundes Loriot „Ödipussi" war
ür mich ein verlorener Abend, ich hatte kaum
e Hälfte verstanden.

Bei einem Essen mit ein paar Gästen fragte
ich mein Sohn plötzlich, warum ich ihn denn
o anstarre. „Weil Du so nuschelst", raunzte ich
nd erwischte mich plötzlich dabei, daß ich
ppenlesen mußte, wenn mehrere Leute durch-
inander redeten. „Dann kauf Dir doch ein
örgerät" – er sagte es ganz ohne Vorwurf, aber
ich und meine Eitelkeit traf es wie ein Schlag,
ng ich etwa an schwerhörig zu werden – „doof",
ie der Volksmund sagt?

Ich war es schon lange. Auf einmal wurde mir
klar, wie oft ich nachfragen mußte: „Wie bitte?"
„Entschuldigen Sie, was sagten Sie?" „Ich habe es
akustisch nicht ganz verstanden". Unbewußt hatte
ich schon begonnen, Gesellschaften zu meiden.

In der STERN-Redaktion hatte ich einen
jungen Kollegen. Einen besonders gescheiten.
Er war seit dem Krieg schwerhörig. Nun, eine Ver-
wundung war eine ehrenhafte Sache. Ich rief ihn
an, er gab mir die Adresse seines Akustikers. Und
nun will ich's kurz machen: Seit zwei Monaten
habe ich einen „kleinen Mann im Ohr", der
niemandem auffällt und mir dennoch die ganze
Lebensfreude wiedergegeben hat. Mir und
meiner Familie und meinen Freunden.

Plötzlich klingen die Geigen im Konzert
wieder. Plötzlich stehe ich nicht mehr abseits.
„Du bist mit 74 präsent wie eh und je", sagte mein
Sohn letzte Woche. Natürlich mußte ich ihnen
„doof" erschienen sein, als ich von allem nur
noch die Hälfte mitbekam und deshalb auch
selber nicht viel zum Gespräch beitragen konnte.
Wäre mir klar geworden, was die anderen sicher
empfunden hatten, meine „Doofheit" hätte mich
ganz schön geniert.

Nun trage ich endlich mein Hörgerät – eben
weil ich ganz schön eitel bin. Denn nun bin ich
wieder bei allem dabei.

BESSER HÖREN

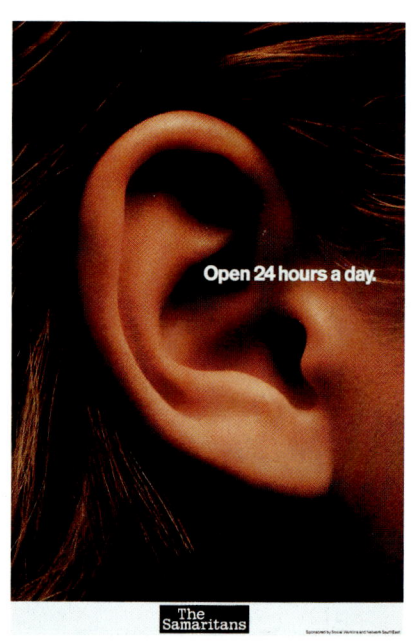

Open 24 hours a day.

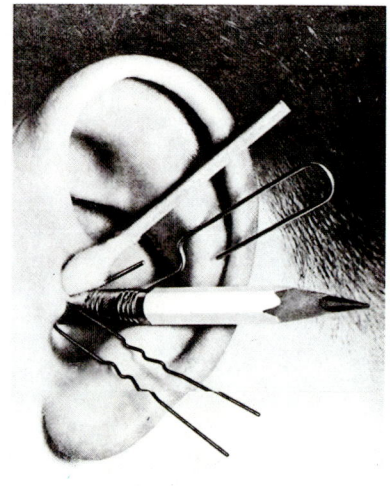

Don't take risks! For the first time there's a safe, fast way to remove ear wax at home

Wax, packed solid and deep in your ear canal can deafen you just like a wad of cotton. And doctors will tell you, if this wax is not removed it can be a breeding ground for infectious germs, a source of constant danger to your ears. Now for the first time, you can get rid of this hidden ear wax painlessly. You can do it at home without using dangerous, pointed objects that can puncture your ear drums. Without costly, painful removal by surgical instruments. Now for the first time, in a new exclusive preparation called

Kerid Drops, you clean it out the same hospital-tested formula doctors are finding so safe, so easy and so effective for removing excessive or impacted ear wax. In minutes, Kerid loosens and removes the hardest wax plug. In seconds, your ears are unblocked, clear again! Kerid - and only Kerid - is specially formulated to do this. And Kerid is scientifically guaranteed to remove ear wax. Ask your druggist today for Kerid Drops. Use Kerid tonight. Get that uncomfortable, dangerous wax plug out of your ears.

kerid

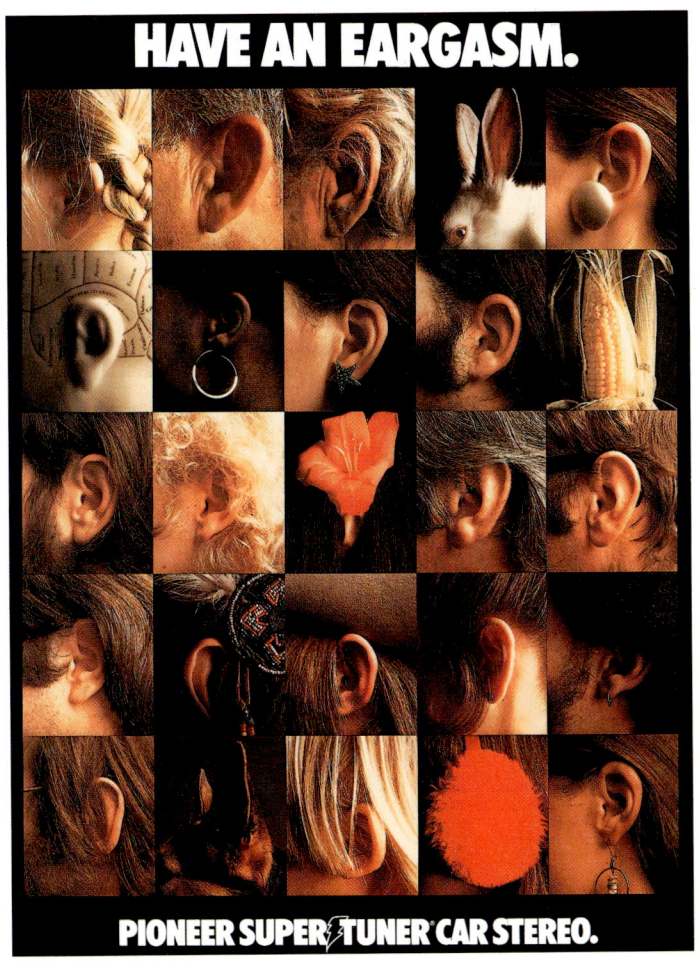

229

Ventilated Hush Puppies.

Will people ever stop panting over these shoes? Cool mesh casuals, in colors and tropical prints.

233

Hören, sprichwörtlich
Auszug aus dem
Deutschen Sprichwörter-Lexikon

Auf Hörensagen
soll der Mann die Frau nicht schlagen.

Besser hören als fühlen.

Besser zehnmal hören als einmal sprechen.

Das läßt sich hören, sagte der Taube,
da kriegte er eine Ohrfeige.

Die größten Ohren hören am schlechtesten.

Du hörst wohl heut mit dem linken Bein nicht gut.

Er hört gut, aber behält schlecht.

Er hört wie ein Esel auf die Leier.

Erst höre, dann rede.

Es hören nicht alle, die Ohren haben.

Hör viel, red wenig, trau noch weniger.

Höre, lerne, schweig, nicht streite,
also lieben dich die Leute.

Kurz hören und abschlagen
ist der Richter Morgenimbiß.

Man kann viel hören, ehe ein Ohr abfällt.

Man muß mit den Ohren hören, nicht mit den Augen.

Man muß nur hören, was aus dem Herzen kommt.

Man soll alles hören, dann bewähren.

Vom Hören und Sagen
wird mancher aufs Maul geschlagen.

Was man gern hört, das tut man gern.

Wenn du gut hören willst, so verstopfe dir die Ohren.

Wennn du hörst, was einer klagt,
so hör auch, was der andere sagt.

Wenn man einen gern hört, soll er bald aufhören.

Wer auf jeden hört, ist ein geplagter Mann,
wer auf niemand hört, noch übler dran.

Wer einen hört, weiß ein Ding halb;
wer zweie hört, weiß es ganz.

Wer gern hört, dem ist leicht rufen.

Wer gut hört, braucht nur ein Wort.

Wer nicht gut hört, ruft herein, wenn's donnert.

Wer redet der sät, wer hört, der erntet.

Wer recht hört, wird belehrt.

Wer schlecht hört, reimt leicht.

Wer zu hören weiß, dem genügen wenig Worte.

Wo einer nicht hören will, da ist alles Reden umsonst.

Hören, wörtlich
Auszug aus dem
Grimm'schen Wörterbuch

Als der vierte Band (2. Abteilung) des „Deutschen Wörterbuches" von Jacob Grimm und Wilhelm Grimm – in dem das Stichwort „Hören" abgehandelt wird – 1877 in Leipzig erschien, waren beide Brüder schon lange tot. Wilhelm war 1859 gestorben, Jacob vier Jahre später. Zur Krönung ihres Lebenswerkes hatten sich die beiden Sprachforscher aus dem hessischen Hanau ein ehrgeiziges Ziel gesetzt: die Sammlung aller deutschen Wörter. Auf 16 Bände war das gewaltige Unternehmen angelegt, der erste erschien 1854, der letzte über hundert Jahre später (1960). Die zweite Abteilung des vierten Bandes hat Moriz Heyne bearbeitet. Er hat zehn Jahre dafür gebraucht. Eigentlich sollte er sich nur um den Buchstaben ‚H' kümmern, dann kamen aber die Buchstaben ‚I' und ‚J' noch dazu. Auf sieben Spalten (Nr. 1806 – 1812) entwickelte Heyne zehn verschiedene Bedeutungen des Wortes „Hören": von „1) hören, den sinn des gehörs haben, durchs gehör wahrnehmen können" bis „10) hören = aufhören", wobei die zweite Bedeutung („durchs gehör wahrnehmen, etwas mit dem ohr vernehmen") offensichtlich am meisten Gewicht hat, und zwar, mit fast drei Spalten Länge, allein schon vom Umfang her. Nicht weniger als zwölf verschiedene Hör-Verbindungen verzeichnet hier das Wörterbuch, wobei uns die zweite Verbindung verständlicherweise am besten gefällt. Lautet sie doch: *„b) früher hiesz es auch ‚bücher hören', mit bezug auf ihr vorlesen, vergl. mhd. ‚als wir diu buoch hôren schriben' (H. v. Melk, Erinnerungen, 133)".*

HÖRE, *f. was zu etwas gehört, einschluss, umfang, in* kirch-
höre, *s. theil* 5, 820. *s. auch* hör.

HÖREMONAT, *m. für december:* im wolfmonat, . . heilig-
monat, höremonat, jahrsendemonat und letstmonat. FISCHART
grossm. 121. *es ist, mit bezug auf* hören = *aufhören* (*s.* hören
unten) *umdeutung aus dem niederl.* horemaent, horenmaent,
was wahrscheinlich kothmonat heiszen soll (nach altem horo, *vgl.*
oben hor, horb *sp.* 1801): WEINHOLD *monatnamen* 45.

HÖREN, *verb. audire.*
I. *Formelles.*
1) *das wort geht über alle deutsche dialekte:* goth. hausjan;
altsächs. hôrian; ags. hŷran, engl. hear; fries. hêra; nieder-
deutsch niederländ. hôren; altnord. heyra; schwed. hôra, dän.
hôre; ahd. hôrran (*für* hôrjan), hôran, mhd. hœren, *prät.*
hôrte, *eine rückumlautende form die bis ins nhd. reicht:*

> herr bischof, nu gebt antwort,
> wann ir die clag habt wol gehort. *fastn. sp.* 643, 5 ;

> do schlug si auf der lauten
> gar freudenreiche wort,
> die heiden sprachen all überlaute:
> si hetens besser nie gehort. UHLAND *volksl* 788 ;

> als nun Ruggier . . .
> auch nunmehr innen ward, dasz sie bereit sich fort
> und weg begeben hat, und dasz sie ihn nicht hort.
> D. V. D. WERDER *Ariost* 11, 13, 4 ;

> es werte wenig noch, dasz er am dicksten ort
> des waldes einen lerm und grosz getümmel hort. 11, 15, 8.

Das unumgelautete präsentische hören, *mitteldeutsch, aber auch*
oberdeutsch bezeugt: audire horen, horn *neben* hôren DIEF. 60*;
horen *audire voc. inc. theut.* k 3ᵇ;

> do si xesamine chômen,
> er bat si ime hôren. *fundgruben* 2. 53, 29 ;

darf vielleicht mit der schweiz. interj. hor, *still, zur besänftigung*
einer wilden kuh oder eines wilden stieres gebraucht (STALDER
2, 54) *in bezug gebracht werden, eine interjection die sich der*
bedeutung unten II, 10 *anschlieszen würde:* da schrie es neben
ihm auf: uy, du donner! hor du kuh! J. GOTTHELF *schulden-*
bauer 283.

Die zusammenstellung des wortes mit griech. ἀκούειν *aus*
ἀκούσειν *wird von den meisten etymologen vertreten, kann aber*
nicht als sicher gelten.

2) *wie bei* haben *sp.* 74 *näher ausgeführt, steht in verbindung*
mit jenem hilfsverbum statt des part. präteriti gehört *oft der*
infinitiv hören, *wenn ein anderer infinitiv vorhergeht oder folgt:*
ich habe rufen hören, *statt* ich habe rufen gehört; wir haben
in hören sagen, Jhesus von Nazareth wird diese stete zu-
stören. *ap. gesch.* 6, 14 ; ich habe erzehlen hören. *pers. rosenth.*
1, 4 ; mir träumete, ich hätte dich hören predigen. 4, 12 ; ich
habe beides wol nennen hören. KLINGER 7, 64 ;

> doch hab immer sagen hören, dasz
> geberdenspäher und geschichtenträger
> des übels mehr auf dieser welt gethan,
> als gift und dolch in mörders hand nicht konnten.
> SCHILLER *Karlos* 1, 1 ;

eine fügung, die auch der alten sprache nicht unbekannt ist ·
> ich hân des jehen hœren. *Gudr.* 637, 3 ;

> ir habt ez ofte hœren sagen. *rabenschlacht* 98, 4,

vgl. dazu die von Martin weiter beigebrachten beispiele, heldenb
2, 329. *aber das particip* gehört *in diesem falle, obgleich es uns*
hart klingt, wird doch auch von guten schriftstellern gesetzt: von

der ertödtung der sinnlichkeit, wovon er ehmals den Plato zu Athen sehr schöne dinge sagen gehört hatte. WIELAND 1, 88 (73); ich habe davon reden gehört. KLINGER 7, 57; ich habe degen blinken gesehen und kugeln um mich surren gehört. SCHILLER *räuber* 3, 2; *wechselnd mit dem infinitiv:* freilich hat er lauten hören: nur zusammenschlagen hat er nicht gehört. LESSING 11, 527. *ist das hilfsverbum unterdrückt, so steht gewöhnlich das particip:* diejenigen, welche den Virgilius behaupten gehört, die erde sei rund und auch auf der andern halbkugel bewohnt. WIELAND 6, 295 (264); Bolingbroke .. gedenkt mit beifall eines gelehrten, den man einst .. gott auch dafür danken gehört, dasz er die welt mit lexiconsmachern versehen habe. LESSING 6, 7.

3) *der infinitiv einmal in passivem sinne:* eine rede, ob sie schon lieblich, .. und würdig ist zu hören. *pers. rosenth.* 4. 6.

II. *Bedeutung.*

1) hören, *den sinn des gehörs haben, durchs gehör wahrnehmen können:* er hört nicht, er ist taub; da selbs wirstu dienen den göttern, die menschen hende werk sind, holz und stein, die weder sehen noch hören. 5 *Mos.* 4, 28; ich aber mus sein wie ein tauber, und nicht hören. *ps.* 38, 14; der das ohre gepflanzt hat, solt der nicht hören? 94, 9; sie haben ohren und hören nicht, sie haben nasen und riechen nicht. 115, 6; seine ohren sind nicht dicke worden, das er nicht höre. *Jes.* 59, 1; wer ohren hat zu hören. *Matth.* 11, 15; die tauben macht er hörend. *Marc.* 7, 37; gut, leise, fein, übel, schlecht, schwer, hart, grob hören; du hörst übel, ich musz dich einmal zum bade führen. SIMROCK *sprichw.* 261; nit wol hören, *auribus parum audire* MAALER 228';

> die einfalt kann nicht sehen:
> ihr lachen nicht die thäler und die höhen.
> sie hört auch grob, und in der melodie
> der nachtigall erschallt kein ton für sie. HAGEDORN 1, 62.

in groszer verwirrung oder wildem treiben vergeht einem hören und sehen; ich weisz nicht wie mir geschah, mir vergieng hören und sehen. GÖTHE 24, 95; die postillons fuhren dasz einem sehen und hören verging. 27, 32;

> und wagen auf wagen mit allem geräth,
> dasz einem so hören und sehen vergeht. 1, 196;
> und in den sälen, auf den bänken,
> vergeht mirs hören, sehn und denken. 12, 94.

die bibelsprache belebt gern das ohr, indem sie ihm, statt dem menschen, das hören zuschreibt: augen die da sehen, und ohren die da höreten. 5 *Mos.* 29, 4; ein hörend ohr, und sehend auge. *spr. Sal.* 20, 12; denn dieses volks herz ist verstockt, und ire ohren hören ubel. *Matth.* 13, 15; selig sind ewer augen, das sie sehen, und ewr ohren, das sie hören. 16.

2) hören, *durchs gehör wahrnehmen, etwas mit dem ohr vernehmen; in verschiedenen verbindungen.*

a) *mit sächlichem object*, eine stimme, ein wort, gesang, musik *u. s. w.* hören: alles, was wir fühlen, sehen, hören, schmecken und riechen. WIELAND 9, 283; ich hörete deine stimme im garten, und förchte mich. 1 *Mos.* 3, 10; ich hab der kinder Israel murren gehöret. 2 *Mos.* 16, 12; das ir die posaunen höret. *Jos.* 6, 5; das man kein hamer noch beil, noch irgend ein eisen gezeug im bawen hörete. 1 *kön.* 6, 7; wenn sein donner gehört wird. *Hiob* 37, 4; der wind bleset wo er wil, und du horest sein sausen wol. *Joh.* 3, 8; ich merkte wol, dasz disz lob von den gedachten patribus mit unwilligen ohren gehöret wurde. *Simpl.* 3, 384 *Kurz*; ich will nicht länger . . . ihnen eine nachricht vorenthalten, die sie

vielleicht schon lange zu hören gewünscht haben. GELLERT
4, 410; *Tellh.* ihr familienname? *bed.* den habe ich noch nicht
gehört. LESSING 1, 521;

> sechs schritte fehlten noch zum markte,
> so hörte sie ein blind geschrei. GÜNTHER 162;
> die sterbeglocke schallt mirs, nächtlich
> hör ich ihr schallen. HÖLTY 79 *Halm;*
> doch hörten sie kein sterbenswert. GÖTHE 47, 85;
> das klimpern hör ich
> doch gar zu gerne. 10, 232;

selbst ein schweigen hören, *weil durch das ohr auch die ab-
wesenheit ein geräusches wahrgenommen wird:*

> ich hör ein groszes schweigen (*beim wettsingen*),
> das krenzlein will mir bleiben. UHLAND *volksl.* 11.

Mit unbestimmtem object: das hör ich; du hast es gehört;
aber etliche lose leute sprachen, was solt uns dieser helfen?
... aber er that, als höret ers nicht. 1 *Sam.* 10, 27; das letzte
höre ich gern. GELLERT 3, 149; ich lese ja laut, recht laut...
hätte er das nicht hören können? 152; was höre ich? LES-
SING 1, 581. 599;

> gläubstu, dasz für ihrem tode, wie man schreibt, die schwanen
> singen?
> ja, wo du mir einen möchtest, der es selbst gehöret, bringen.
> LOGAU 2, 91, 66;
> *zauberin.* sah sie dich auch? *Alcindor.* sie schlief. ihr hört
> es ja. LESSING 113;
> die lampe losch, der herd verglomm,
> zu hören ist nichts, zu sehn. GÖTHE 47, 85.

dieses object wird durch einen abhängigen satz näher bestimmt:
o wenn sies nur hätten hören sollen, wie er dem himmel
dankt, dasz er ihn aus der gefangenschaft errettet hat!
GELLERT 4, 413.

b) früher hiesz es auch bücher hören, *mit bezug auf ihr vorlesen, vergl. mhd.*

> als wir diu buoch hören schriben.
> H. V. MELK *erinnerungen* 133;

noch bei MURNER:

> (*die drucker*) lond myn ernstlich bücher lygen, ...
> und sprechen däs mans (*man sie*) hör nit gern.
> *Scheibles kloster* 8, 1119;

daher: streben wider den glauben, welcher allein die gnade
gottes erlanget, on alle werk, wie gehört ist (*er hat das eine
seite vorher nachgewiesen*). LUTHER 3, 400°: wie oben am 73. blatt
gehört. FISCHART *bienk.* 111ᵇ; gehörter maszen. GÖTZ V. B. 56;
ob nun zwar, gehörter maszen, der aberglaube der menschen
damals gros gewesen. BUTSCHKY *kanzl.* 763. *man sagte auch*
rechnung hören: die rechnung hören, oder rechnen von gälts
wägen, *rationem argentariam putare.* MAALER 228ᵇ; nun laszt
unsern herren frei kommen, rechnung zu hören, wan er wil.
bienk. 148°.

c) mit acc. der person, einen hören, *der durch irgend welchen
ton seine anwesenheit kund gibt:* er ist weder zu hören, noch
zu sehen; wir zaudern. ich höre ihn schon. LESSING 1, 599;

> auf einen hohen altan trat,
> davon ihn jedermann hören kundt. *mückenkr.* 1, 453;
> ein bild der deinen, das in deiner seele
> noch nicht verloschen, sollte mehr vermögen,
> als die ich sehn, und greifen kann, und hören,
> die meinen? LESSING 2, 261;
> *Sal.* nun so rede!
> es hört uns keine seele. *Nath.* möcht auch doch
> die ganze welt uns hören! 275;
> ich will heut nacht zum schlosz von Villa Bella
> mich heimlich schleichen, will versuchen ob

239

Lucinde mich am fenster hören wird;
und hört sie mich, erhört sie mich wohl auch,
und läszt mich ein.　Göthe 10, 219;
gleich hör ich einen auf dem gange.　12, 92;
ich hör meinen schatz,
den hammer er schwinget.　Uhland ged. 31.

*d) das object wird durch ein adjectiv oder particip näher be-
stimmt:* ich höre ihn schon nahe (*höre, dasz er nahe ist*).
Klinger 1, 452;
　wir sorgten alle für das edle kind!
　ich freue mich, sie mir verwandt zu hören.　Göthe 9, 254;
　ich hörte mich gerichtet.　*Shakesp.* Lear 2, 3;
　I heard myself proclaim'd.

e) hören, *mit einem infinitiv verbunden (vergl. unten hörensagen):* und ganz Israel höret sagen, Saul hat der philister
lager geschlagen. 1 *Sam.* 13, 4; wer . . . höret fluchen, und
sagets nicht an, der hasset sein leben. *spr. Sal.* 29, 24; ich
höre gar nicht gern von dem sterben reden. Gellert 3, 204;
ich habe nie fürchterlicher fluchen hören, als sie lachen.
Lessing 1, 578.　*dieser infinitiv kann seinerseits wieder einen
objectsaccusativ nach sich ziehen:*
　von küener recken striten muget ir nu wunder hœren sagen.
　　　　　　　　　　　Nib. 1. 4;
nhd. wir hören sonderbare nachrichten verkündigen; er hörte
so manches erzählen, was ihm nicht gefiel; Büffon hörte ich
mit groszer verehrung nennen. Göthe 25, 66;
　so hört und sieht man dich beneiden. Günther 278.
　f) hören *mit wirklichem acc. cum inf.:*
　mhd. ich hörte ein wazzer diezen.　Walther 8, 28;
nhd. das . . . man auch nicht ein vieh schreien höret. *Jer.*
9, 10; ich höret die flügel rauschen, wie grosze wasser. *Hes.*
1, 24; wir haben ihn gehöret lesterwort reden wider Mose
und wider gott. *ap. gesch.* 6, 11; ich hab nit ein einigs dingle
darvon hören reden, *ne tenuissimam quidem auditionem de ea
re accepi.* Maaler 228'; als ich die arme (*pauperes*) überall
höre angeklagt werden, dasz sie das allmusen schändlich ver-
thun. Schuppius 749; wenn man sie reden und schmähen hört,
so sollte man glauben, sie hätten keine religion. Gellert
3, 208'; sie kommt, ich höre sie leise herschleichen. Sturz
2, 242;
　wie angenehm wird sie erschrecken,
　wenn sie mich reden hört! Gellert 3, 132;
　ich hör ihn schreien! er ist da!
　ich hör ihn keichen! jetzt ergreift er mich! Ramler 2, 13;
　ich höre nun die leisen tritte rauschen. Göthe 9, 241;
　　ich höre degen
　　und waffen klingen. 10, 235;
　　die frauen haben ein geräusch der waffen,
　　ein ächzen tönen hören. 238.

g) statt des acc. c. inf. steht ein abhängiger satz: ich hörte,
dasz sie sagten, laszt uns gen Dothan gehen. 1 *Mos.* 37, 17;
(*ihr werdet*) hören, wie man die drometen blasen wird. *Jes.*
18, 3; man höret, das ire rosse bereit schnauben zu Dan.
Jer. 8, 16; ich höre, wie mich viel schelten. 20, 10; hören
sie denn nicht, dasz alles erdichtet ist? Lessing 1, 598; er
lauschte an der thüre und hörte dasz sie von ihm sprachen;
daneben hörte ich, man solle reden wie man schreibt. Göthe
25, 58;
　sie . . hörten nicht, wenn deine schwestern schlugen,
　　o nachtigall! Hölty 57 *Halm.*

h) in gewissen verbindungen fehlt auch das object ganz: dasz

man meines hörens wenig von politik redet. NIEBUHR *leben
Nieb.* 1, 182; hören sie? sie klingelt. LESSING 1, 585;

> 'mein Adelstan! ich armes blut!'
> er sah und hörte nicht. HÖLTY 15 *Halm.*

i) *reflexiv,* sich hören: er hört sich selbst gern; er hört
sich gern reden; das auge sihet sich nimer sat, und das
ohr höret sich nimer sat. *pred. Sal.* 1, 8. — *Anders ist* etwas
hört sich, *mit bestimmendem beisatze, wird gehört:*

> eine hohe noblesse bedien ich heut mit der flöte,
> die, wie ganz Wien mir bezeugt, völlig wie geige sich hört.
> *xenien in Schillers musenalm.* 1787 *s.* 271.

k) *die verbindung* hören lassen, *machen dasz etwas gehört
wird, ist manigfach:* ir solt kein feldgeschrei machen, noch
ewr stimme hören lassen. *Jos.* 6, 10; vom himel hat er dich
seine stimme hören lassen. 5 *Mos.* 4, 36; *mit unterdrücktem
object:* sie sprachen zu im, gib dein retzel auf, las uns hören.
richt. 14, 13;

> *Carlos.* mir bleibt
> noch manches zeugnis. *Pedro.* lasz mich hören. GÖTHE 10, 269.

auch mit abhängigem satze: lasz hören, was du aufgesetzt hast.
dafür hören machen:

> sein hohe tapferkeit, rath, that und grosze sachen,
> (wann ihr das ohr verleiht) will ich euch hören machen.
> D. V. D. WERDER *Ariost* 1, 4, 6.

verschieden ist hören lassen, *nicht hindern, dasz etwas gehört
werde:* wann du in deiner verwirrung auch ihn das hättest
hören lassen! LESSING 2, 136.

l) *namentlich auch reflexiv,* sich hören lassen: rufet nicht
die weisheit, und die klugheit lesst sich hören? offentlich
am wege und an den straszen stehet sie. *spr. Sal.* 8, 1; die
dordeltaube lesst sich hören in unserm lande. *hohel.* 2, 12;
gehe hinauf auf den Libanon und schrey, und las dich hören
zu Basan. *Jer.* 22, 20; da mein seliger mann die zeitlichkeit
verlassen sollte: so hat er (*der todtenwurm*) sich drei tage
zuvor hören lassen. GELLERT 3, 160;

> o thor! läszt Zevs sich zornig hören,
> wird dich der nahe pfeil nun lehren,
> ob ich dem sturm zu viel erlaubt? GELLERT 1, 75.

auch vom auftreten eines sängers, virtuosen: die sängerin hat
sich öffentlich hören lassen; heute abend läszt sich ein berühmter geigenspieler hören.

m) *prägnant:* das läszt sich hören, *gleichsam wird gut, als
etwas gutes gehört, wobei* hören *schon in die folgende bedeutung
hinüberspielt:* mutter (die gleichfalls von zeit zu zeit auf den
gesang gemerkt). wie meinst du alter! ich dächte das liesze
sich hören. GÖTHE 11, 283; *auch in bezug auf gründe und dar-
legungen:* das läszt sich hören, daran ist etwas wahres;

> hum! sagte der kaiser, der grund läszt sich hören.
> BÜRGER 67*;

> *Faust.* allein ich will. *Meph.* das läszt sich hören!
> GÖTHE 12, 89;

> *Pedro.* ich gebe treu und wort,
> dasz ich, was ich verspreche, pünktlich halte.
> *Busco.* das läszt sich hören; nur hier ist der platz
> zu der verhandlung nicht. 10, 265.

3) hören, *in stärkerer bedeutung, mit aufmerksamkeit hören,
auf etwas gehörtes achten, anhören; wieder in manchen fügungen.*
a) *absolut:* rede herr, denn dein knecht höret. 1 *Sam.* 3, 9;
sei ruhig und höre weiter. SCHILLER *räub.* 2, 1; *um seine aufmerksamkeit recht hervorzuheben, heiszt es scherzhaft:* ich höre
mit beiden ohren, *wie entgegengesetzt, um zerstreuung auszu-
drücken,* er hörte nur mit halbem ohr; alles war still, hörte,
horchte. GÖTHE 15, 327;

Nath. du hörst doch, sultan?
Sal. ich hör, ich höre! Lessing 2, 278;
sag an, was du verlangst, ich höre gern. Göthe 10, 268;

im imperativ höre!: höre Israel, der herr unser gott, ist ein
einiger herr. 5 *Mos.* 6, 4; hör o himmel und los auf o erdt-
rich: dann der herre redt. *Zürcher bibel* 1530 320* (*Jes.* 1, 2);
IV. n.

höre nur, Paul; dem wirthe hier müssen wir einen possen
spielen. Lessing 1, 526; hören sie nur kurz. 582; hör sie
doch, mein schönes kind! wie gefällt ihr der spasz? 549;
mit anklingen an die bedeutung 1 (*die auch sonst hervortritt:*
wer regiren wil, der musz hören und nicht hören, sehen
und nicht sehen. Agr. *spr.* 174*): hör und schweig. Schottel
1125*;

   hör und sei nioht taub
   aber langsam glaub. Simrock *sprichw.* 261;

verstärkte alte form höra: aber höra, hieher zu trinken, zu
trinken her. *Garg.* 247*;

   wil andern das gefallen nh,
   so sprich, hörah, das ist mein sit.
      grobianus (1568) B iiij* (*b.* 1, *cap.* 4).

b) mit sächlichem object: herr neige deine ohren und höre,
thu deine augen auf, und sihe, und höre die wort Sanherib.
2 *kön.* 19, 16; gott höre mein gebet. *ps.* 54, 2; er hörte die
stimme der leidenschaften, um den befehl der religion nicht
zu hören. Gellert 4, 301; höre viel und rede wenig. Simrock
sprichw. 261; *zurückweisend sagt man:* ich will nichts hören!;
sie will von den zehntausend thalern gar nichts hören. Gellert
3, 163.

c) so namentlich auch in festen verbindungen: einen vortrag
hören; eine predigt hören; vorlesungen hören; er hört eine
vorlesung bei professor N., *oder mit knappem ausdrucke* er
hört bei professor N.; da sollte ich denn philosophie, rechts-
geschichte und institutionen und noch einiges andere hören.
Göthe 25, 51; beichte hören; (*die frau*) hört ihn selbs beicht.
Garg. 72*.

d) mit persönlichem object: wenn sie zu mir schreien, wil
ich sie nicht hören. *Jer.* 11, 11; mein herr könig, höre mich.
37, 20; höret ewren vater Israel. 1 *Mos.* 49, 2; höre den armen
gerne, und antworte im freundlich und sanft. *Sir.* 4, 8; sun-
diget aber dein bruder an dir, so gehe hin und strafe in . .
höret er dich, so hastu deinen bruder gewonnen. *Matth.*
18, 15; welche euch nicht aufnemen, noch hören, da gehet
von dannen heraus. *Marc.* 6, 11; warum hörst du solche leute?
cur his hominibus aures praebes? Steinbach 1, 782; fassen sie
sich doch, und hören sie mich. Lessing 1, 596; doch er darf
mich ja nur hören. 597;

   M. höre mich, mutter. *C.* mutter, höre mich!
      Schiller *braut von Mess. v.* 394.

einen redner, einen vorleser hören; dieser prediger wird
gerne gehört; Agrippa aber sprach zu Festo, ich möchte den
menschen auch gerne hören, er aber sprach, morgen soltu
in hören. *ap. gesch.* 25, 22.

e) statt des accusativs ein genitiv; diese im mhd. nachgewie-
sene fügung (*mhd. wb.* 1, 711*. Lexer 1, 1339) *kommt auch nhd.*
noch vor:

   wenn ihn (*den mann*) jäher muth empört,
   er nicht mehr des freundes hört. Stolberg 1, 30.

f) es folgt ein abhängiger satz: er sprach zu inen, höret,
lieben, was mir doch getreumet hat. 1 *Mos.* 37, 6; hören sie,
mein fräulein, was ich fest beschlossen habe. Lessing 1, 579;
nu hör was ich dich hie will leren. Gengenbach 137, 390;

höre, wie zu lust und thaten
altklug sie rathen! Göthe 12, 83.

g) häufig auf jemand *oder* etwas hören:

ach ja! kind knecht und magd, die stehen und verstarren,
die schweine sehn empor, küh, kälber, ochsen, farren
und alles federvieh, hört mit verwundern drauf,
wie ihre kluge frau gibt einen guten kauf
am zuwachs edler wort. Logau 2, 71;

bei ratschlägen oder befehlen: sihe und höre vleiszig auf alles
was ich dir sagen wil. *Hes.* 44, 5; *(ein vater)*, welcher nicht
mehr weis, wie er seinen kindern helfen soll, die auf ihn
nicht hören wollen. Rabener *sat.* 4, 340;

hör uff *(das)* was dir thût sagen got.
Gengenbach 62, 320;

*aber auch bei der benennung eines hausthieres, das von aller
menschlichen rede nur den klang seines namens beachtet:* der
hund hört auf den namen Waldmann.

h) nach etwas hören, *aufmerksam das gehör wohin richten:*
es kompt die zeit, spricht der herr herr, das ich einen hunger
ins land schicken werde, nicht einen hunger nach brot, . .
sondern nach dem wort des herrn zu hören. *Amos* 8, 11; er
hörte nach der thüre, aber es blieb drauszen still.

4) dieses hören == *anhören steht namentlich häufig auch in
der gerichtlichen sprache in bezug auf den richter, mit dativ der
person, oder, wie in der neueren sprache gewöhnlich, mit accusativ:*
clagen si ouch zu mâle, daz stêt an deme richtêre, wilcheme
her êr hören wolle. *Sachsensp.* 1, 61, 2; keine person solt ir
im gericht ansehen, sondern solt den kleinen hören wie den
groszen. 5 *Mos.* 1, 17; sie . . . verdammen mich, ohne mich
gehört zu haben. Gellert 3, 213; wer sich an ihren richter-
stuhl wendet, . . . wird gehört. Gotter 3, 64; wer nicht rechtmäszig gehört ist, wird nicht rechtmäszig verdammt. Simrock
sprichw. 261;

eines mannes rede ist keine rede,
man musz sie hören alle beede.

auch mit sächlichem object, ein zeugnis, eine klage, verthei-
digung hören;

ich sprich das man darnach auch wol
des mannes zeuknus auch horen sol.
fastn. sp. 542, 24.

*in freierem sinne, wenn jemand einen schiedsspruch abgeben,
ein urtheil sich bilden soll:* wenn ich diesen höre, so hat er
recht, höre ich jenen, so hat der auch recht; aber wenn
man seine nichtfreunde in Prag und Wien hörte, wäre er
ein . . geck. Seume *spazierg.* 415.

*5) aus der bedeutung des anhörens flieszt die des folgens,
gehorchens, das verbum steht theils absolut:* wer nicht hören
will, musz fühlen;

die schreckenstage die ein reich erfährt,
wo jeglicher befiehlt und keiner hört. Göthe 4, 49;

theils mit dativ: noch hat er *(der pudel)* keinen bissen brod
aus meiner hand bekommen; und doch bin ich der einzige,
dem er hört, und der ihn anrühren darf. Lessing 1, 520;

es hört don Florisel der Helena befehlen. Logau 2, 13;

theils mit accusativ: die kinder sollen den vater hören, *liberi
obsequium parentibus debent.* Stieler 857; verlogene kinder, die
nicht hören wollen des herrn gesetz. *Jes.* 30, 9;

den die säw vor hörten nicht,
wann er sie stall-ein getrieben,
der hat fürsten jetzt vernicht. Logau 2. 244.

*6) dann auch die des zugehörens, eigen seins, sich schickens,
in der alten sprache häufig:* al seczen dâ die lûte manger
hande ding zû, daz dar zû nicht en höret. *Sachsensp.* 1, 22, 4;

swer in deme hôsten gerichte vervestet ist, der ist in alle
den gerichten vervestet, die in daʒ gerichte hôren. **3**, 24, 1;
ʒe samen hœrt nicht arm und rich. BONER *edelst.* 77, 48;
daʒ trœstet mich, dâ hœret ouch geloube zuo.
WALTHER 66, 12.

*auch der ältern nhd. sprache noch geläufig, doch selten bis in
unsere zeiten reichend:* es höret viel in ein haus. LUTHER *br.*
2, 600; so hört es (*das almosen*) armen leuten und nit euch
(*den pfaffen*). SCHADE *sat. u. pasqu.* 2, 141, 33; wo hört er zu
hause? MUSÄUS *physiogn. reisen* 4, 99; der verlag (*vom Götz*)
hört Mercken, der ist aber in Petersburg. GÖTHE *u. Werther* 174;

und asʒ in (*den kuchen*) mehr denn halber auf,
und sprach: ein guter trunk hört drauf.
B. WALDIS *Esop* 4, 19, 80;
ach vetter, das sein dorechte wort,
und hören nit an dises ort. MURNER *luth. narr* 4541;
nicht jedes gleich ein handwerk heiszt,
was einen kleidet oder speiszt,
sondern was einen ehrt und nehrt,
dasselb eins handwerks namen hört (*schickt sich zum
namen eines handwerks*).
FISCHART *grossm.* 63;
auch hörend nit in gottes reich,
die mit hürey befleckend sich.
R. WONLICH *das himmelische Hierusalem*
(1584) *str.* 24.

7) *hören, mit besonderer betonung der wirkung aes hörens,
hörend entnehmen, vernehmen, erfahren; in verschiedenen verbindungen.*

a) mit einem sächlichen accusativ, meist nur allgemeiner art:
und Sara sprach, . . wer es hören wird (*dasz ich schwanger
sei*), der wird mein lachen. 1 *Mos.* 21, 6; Delos also ist eine
stadt? das ist das erste, was ich höre. LESSING 3, 438; komm
nur, du sollst dein wunder hören! 1, 525; ich hörte so was,
wenn ich mich nicht irre, schon heute vormittage. 575; was
ich nicht höre! . . . also auch schelmen erkennen gesetze
und rangordnung? lasz mich doch von der untersten hören.
SCHILLER *Fiesko* 1, 9; ich habe die geschichte gehört, kann
sie aber nicht glauben; ich habs vom vater gehört, *e patre
audiebam* MAALER 228°; etwan dreimahl des jahres daher was
hören, *inde vix ter in anno audire nuntium.* STEINBACH 1, 782.
*das object wird durch ein adjectiv oder particip näher bestimmt.
so dasz die oben 2, c belegte construction auch hier auftritt:* bei
dem Dante hören wir die geschichte als geschehen. LESSING
12, 192;

ich höre Orleans bedroht, ich fliege
herbei aus der entlegnen Normandie.
SCHILLER *jungfrau* 1, 1.
statt des objects ein adverb der art: verabschiedet sind sie? so
höre ich. LESSING 1, 575.

b) häufig von (d. h. über) etwas oder einem hören: wenn
du hörest von irgend einer stad, . . so soltu fleiszig suchen,
forschen und fragen. 5 *Mos.* 13, 12; die hauptleute höreten von
irem sieg und groszen thaten. 1 *Macc.* 5, 56; ein weib hatte
von im gehört, welcher töchterlin einen unsaubern geist hatte,
und sie kam. *Marc.* 7, 25; eher von eines anderen unglücke
hören, als er selber, *prius de alicujus malis audire, quam ipse.*
STEINBACH 1, 782; du sollst ein ander mal mehr davon hören.
SCHILLER *räub.* 2, 1; der prinz Heraklius musz ja wohl von
dem major Tellheim gehört haben. LESSING 1, 524; nach allem,
was wir von ihm hören, musz es ihm übel gehn. 536; ich
will von Justen nichts hören. 550;

o herr doctor, seit ir der man,
von dem ich lang gehöret han. H. SACHS 1, 466°.

244

c) mit abhängigem satze: ich höre es sei in Egypten getreide veil. 1 *Mos.* 42, 2; da Balak hörete, das Bileam kam, zoch er aus im entgegen. 4 *Mos.* 22, 36; ich hab gehöret, das du schafscherer hast. 1 *Sam.* 25, 7; er höret, wie ehrliche thaten sie gethan wider die Gallos. 1 *Macc.* 8, 2; ein .. pfaff stalt nach einer güten reichen pfarr, dann er hort, wie sy so vil inkommens hette. WICKRAM *rollw.* 56, 5 *Kurz;* wenn du nun von mir hörst: dasz die Marloffin, heute ganz früb, selbst bei mir gewesen ist? LESSING 1, 554; der mann, der mich ietzt mit allen reichthümern verweigert, wird mich der ganzen welt streitig machen, sobald er hört, dasz ich unglücklich und verlassen bin. 564; ich fliege herzu, und höre, dasz der graf Appiani verwundet worden. 2, 171; durchstrich flüchtig den markt, um zu hören, was kauf und lauf sei. GOTTHELF *Uli der knecht* (1870) 82;

will hören, ob ichs recht gemacht. LESSING 2, 274;

in zwischensätzen: er ist, wie ich höre, glücklich zurückgekehrt.

8) hören *betont aber auch das vermögen des folgerns aus etwas gehörtem, es heiszt hörend schlieszen, merken; in der verbindung* aus etwas hören, *vgl. auch* heraus hören *sp.* 1035: ich hörte aus seiner art zu reden nunmehr sehr wohl, dasz er ein edelmüthiges herz hatte. GELLERT 4, 408;

Quadruncus sticht gemein gelehrte männer an;
ausz diesem hör ich wol, dasz er gewisz nichts kan.
LOGAU 2, 100, 1.

auch in anderer fügung: ich höre es schon, sie sind ein indifferentist. GELLERT 3, 176.

9) *eigen ist* hören *in folgendem:*

ich will, sprach Grimhart, allezeit,
herr könig, euch bedienen;
der fuchs hort übel weit und breit,
doch wil ich mich erkühnen,
hin zu ihm gehn mit einem brief.
Reinecke fuchs (Rostock 1652) 107.

ist übel berufen; gewis nur nachahmung des lat. male audire. griech. κακῶς ἀκούειν.

10) hören = aufhören *ist seinem entstehen und seiner fortdauer nach bereits th.* 1, 670. 671 *besprochen. es ist noch bairisch* (SCHM. 1, 1155 *Fromm.), schwäbisch* (SCHMID 286), *vorarlbergisch* (FROMM. 2, 569) *und allgemein schweiz.* (STALDER 2, 54. TOBLER 274ᵃ, *vergl. auch oben unter* l, 1 *sp.* 1806):

uff hören (*auf* aufhören) sei ein ieder gerist,
so der schimpf am besten ist. MURNER *luth. narr* 95;
o lieber narrenbeschwerer, höre,
durch got nit also hert beschwere. 260.

Statt eines Nachworts
Markus Caspers

In Ohrdruf und in Öhringen-Ohrnberg hören Hörorgane, also Bindeohren, Blattohren und Breitohren, ab; Eselsohren, Fischohren und Hasenohren können sich anhören; Herzohren und Langohren hören hin, Mausohren mit, Mittelohren und Riesenohren weiter, Schlappohren weg, Schweins- und Schlitzohren zu. In Höhr-Grenzhausen ist, dem Hörensagen nach, die Hörschwelle der Hörmuschel hörig. Hörprüfer verhören die Hörerschaft auf Hörsamkeit in Hörden. Anders in Höringen: Hörbrillen erhören dort Hörbilder und Hörfolgen im Hörsaal. Weil aber in Hörscheid die Hörberichte der Zuhörer unüberhörbar zu Hörigkeit jenseits der Hörschwelle gehören, werden Hörbereiche von Hörapparaten, manchmal Hörrohren, mit Nadelöhren ausgehört. Aufgehört hat die Hörstummheit in Hörup. Dann also auf Wiederhören!

Autoren

Roland Barthes (1915-1980), Literaturkritiker und Kulturphilosoph. Aus: „Der entgegenkommende und der stumpfe Sinn", es.NF 1367, ©Suhrkamp Verlag Frankfurt am Main 1990, S. 249-263.

Hans Bausch (Jg. 1921), Dr. phil., Professor für Publizistik an der Universität Hohenheim, Intendant des Süddeutschen Rundfunks in Stuttgart (1958-1989). *Originalbeitrag*

Jurek Becker (Jg. 1937), Schriftsteller. *Originalbeitrag*

Joachim-Ernst Berendt (Jg. 1922), Prof., Rundfunkjournalist und Schriftsteller. *Originalbeitrag*

F.W. Bernstein (= Fritz Weigle) (Jg. 1938), Professor für Karikatur und Bildgeschichte an der Hochschule der Künste in Berlin. *Originalbeitrag*

John Cage (Jg. 1912), Komponist und Tonkünstler. Aus: EP 6777, © 1952 by C.F. Peters Corporation, New York, Abdruck mit Genehmigung von C.F. Peters, Frankfurt.

Markus Caspers (Jg. 1960), Dozent für Semiotik an der Universität Mainz, Texter und Werbegrafiker. *Originalbeitrag*

Walter Dirks (Jg. 1901-1991), Professor (h.c.), Dr. theol. (h.c.), Rundfunkjournalist und Schriftsteller. *Originalbeitrag*

Volker M. Dreesbach (Jg. 1961), Strafgefangener und Dichter. Aus: Brief an einen der Herausgeber vom 10. 4. 1988. *Originalbeitrag*

Richard Friedenthal (1896 - 1979), Dr. phil., Schriftsteller. Aus: „Die Welt in der Nußschale", © R. Piper & Co. Verlag, München 1956, S. 109 - 116.

Thomas Glaue (Jg. 1935), Publizist. *Originalbeitrag*

Ernst Jandl (Jg. 1925), Prof., Dichter und Sprachspieler. Aus: Ernst Jandl-Werksausgabe, Bd. 1, S. 15 („das ohr") und S. 307 („hör-probe"), © 1985, Luchterhand Verlag, Darmstadt und Neuwied.

Walter Jens (Jg. 1923), Dr. phil., Prof., Hochschullehrer, Schriftsteller und Rhetoriker. *Originalbeitrag*

Frank Kafka (1883 - 1924), Dr. jur., Versicherungsbeamter und Schriftsteller. Aus: „Tagebücher" (in der Fassung der Handschrift), © 1990 Schocken Books Inc., New York, USA, Abdruck mit Genehmigung der S. Fischer Verlag GmbH, Frankfurt am Main.

Howard Koch (Jg. 1916), Hörspielautor und Filmproduzent. Auszug aus dem Cover-Text der Schallplatten-Edition der Originalsendung „War of the worlds" vom 30. 10. 1938, Evolution Nr. 4001, New York.

Bruno Kottwitz (Jg. 1916), Dr. med., HNO-Arzt und Kunstgeschichtler. Gekürzte Fassung eines Artikels in der Zeitschrift „die waage", Heft 4 / Band 29 / 1990, S. 134 - 143, Grünenthal GmbH.

Günter Kunert (Jg. 1929), Dr. (h.c.), Schriftsteller. *Originalbeitrag*

Golo Mann (Jg. 1909), Dr. phil., Prof., Historiker und Schriftsteller. *Originalbeitrag*

Franz Mayr (Jg. 1932), Dr. phil., Professor der Philosophie an der University of Portland (USA). *Originalbeitrag*

Herbert Pée (Jg. 1913), Dr. phil., Kunsthistoriker, Direktor der Staatl. Graphischen Sammlung in München (bis 1978). *Originalbeitrag*

Neil Postman (Jg. 1931), Professor für Media-Ecology an der New York University. *Originalbeitrag*

Luigi Russolo (1885-1947), Maler und Musiker. Auszug aus dem Futuristischen Manifest „L'arte dei rumori" vom 11. 3. 1913.

Klaus Schöning (Jg. 1936), Gründer und Leiter des „Studio Akustische Kunst" beim Westdeutschen Rundfunk in Köln. Gekürzte Fassung einer gleichnamigen Hörfunksendung des WDR aus dem Jahre 1984.

Klaus Seifert (Jg. 1929), Dr. med., Professor für HNO-Heilkunde an der Universität Kiel. *Originalbeitrag*

Karlheinz Stockhausen (Jg. 1928), Prof., Komponist und Dirigent. Auszug aus einem gleichnamigen Vortrag, gehalten am 25. 10. 1980 in Mainz, vollständig abgedruckt in TEXTE zur Musik, Bd. 5, S. 669-698, DuMont Buchverlag, Köln 1989.

Andrzej Szczypiorski (Jg. 1924), Schriftsteller und Senator. *Originalbeitrag*

Alfred A. Tomatis (Jg. 1920), Dr. med., Professor für Audio-Psycho-Phonologie und Psycholinguistik und Leiter des internationalen Zentrums für Sprachen in Paris. Auszug aus einer Rede, gehalten in Bern im August 1980.

Bildquellen

Die Herausgeber bedanken sich bei einer Vielzahl von
Helfern für ihre wertvolle Mitarbeit. Namentlich bei
Gabriella Bendinelli, Gabriele Berardi, Britta Boland,
Jürgen W. Braun, Markus Caspers, Karl-Heinz Gunst,
Hans Hattenhauer, Norbert Holz, Rolf Ingenfeld,
Daniel Kuhn, Rainer Kunst, Petra Lefert, Anke Lieb,
Andrea Münstermann, Kurt Reuter, Peter Schulze,
Gertrud Vogelbusch, Fritz Weigle, Katrin von Zitzewitz
sowie Herrn Norbert Neuhausen von der Universitäts-
bibliothek Düsseldorf.

Satz: Print Service Krys, Kaarst
Reproduktion: Hilpert Repro, Essen
Druck: Druckhaus Beltz, Hemsbach/Bergstraße

Printed in Germany